KB219798

28일 플랜

생리 주기를 통해 원하는 삶 성취하기

THE OPTIMIZED WOMAN:
USING YOUR MENSTRUAL CYCLE TO ACHIEVE SUCCESS AND FULFILLMENT

28일 플랜

생리 주기를 통해
원하는 삶 성취하기

미란다 그레이 지음
강현주 옮김

일러두기

'생리'는 여성의 몸에서 일정 주기마다 일어나는 자궁 내막의 탈락과 출혈을 의미하는 '월경'을 일컫는 용어입니다. 다만 보편성을 위해 이 책에서는 월경 대신 생리라는 단어를 사용했음을 밝힙니다.

나의 수많은 창작 프로젝트를 끊임없이 지원해준 남편과
이 책에 도움을 준 모든 분께 감사를 표합니다.
멋진 여성분들을 만나 뵙게 되어 영광이었으며
꾸준히 보내주신 의견과 도움에 진심으로 감사드립니다.

Contents

들어가며

서점만 둘러봐도 자기계발, 라이프 코칭, 비즈니스 코칭이 얼마나 인기 있는지 알 수 있습니다. 목표 설정, 실천 방안, 동기 부여를 통해 인생과 커리어를 어떻게 바꿀 수 있는지 알려주는 강좌와 워크숍도 아주 많아요. 그렇다면 우리는 왜 인생을 바꿀 새로운 책이 필요할까요? 시중에 나온 책들은 여성을 주요 대상으로 하지 않으며 특히 여성이 남성과 다르다는 걸 고려하지 않기 때문입니다.

우리는 인생을 바꾸고 싶어 자기계발서를 기꺼이 구입해 그 속에 적힌 방법을 머릿속에 집어넣고 실천하며 동기 부여 문구를 읽습니다. 하지만 2~3주가 지나면 의욕을 잃고 꿈이 사라졌다는 걸 깨닫게 되죠. 왜 자기계발서가 우리에게는 잘 통하지 않을까요? 그건 여성이 남성에게는 없는 무언가를 가지고 있기 때문입니다. 많은 자기계발서는 이 중요한 사실을 놓치고 있어요.

이 책은 생리 주기인 28일 동안 여성이 '최적의 기간'을 활용해 성취감과 의욕을 얻으며 목표를 달성하도록 돕는 28일 플랜 가이드입니다. 이 계획으로 자신의 능력과 재능을 적절한 타이밍에 활용함으로써 창의력과 통찰력을 발휘하고 놀라운 변화를 이룰 수 있습니다.

이 책에서는 그동안 접하지 못했을 개념들을 소개합니다. 여러분의 생각과 생활을 근본적으로 바꿀 참신한 계획이죠. 28일 동안 따라 해보면서 나만의 능력을 발견하고 일상, 업무, 장기 프로젝트에 적용할 수 있을지 알아보세요. 이 책은 나 자신을 새롭게 바라보면서 자신감을 키워주고, 더 나아가 내면에 숨어 있는 활기차고 창의적인 여성을 만나도록 도울 것입니다.

28일 플랜은 의지를 잃지 않고 매달 목표를 향해 달려가 성공을 얻을 수 있는 새로운 자기계발 방식입니다. 알고 나면 깜짝 놀랄 거예요!

미란다 그레이

"세상을 바꾸고 싶다면 나부터 바꿔야 한다고 하죠.
그렇다면 우리가 한 달 동안 변화한다면 세상도 달라질까요?
분명 그럴 거예요."

미란다 그레이

1

왜
28일일까?

1

여성만 갖고 있는 특별한 능력

만약 여러분이 엄청난 능력을 가지고 있다면 어떨 것 같나요? 그 능력으로 평소보다 집중력과 논리력을 훨씬 더 잘 발휘할 수 있다면요? 더 나아가 이를 통해 사회성과 문제 해결 능력을 키우면서 톡톡 튀는 아이디어와 깊은 통찰력을 얻을 수 있다면요?

일과 삶에서 더 좋은 결과를 낼 수 있는 가장 큰 원동력을 가졌으면서 여태껏 사용하지 않았다고 하면, 모두 당연히 관심이 생길 것입니다! 하지만 여기에 덧붙여 제가 '여성에게만 있는 이것은 무엇일까요?'라는 질문에 '생리 주기'라고 답한다면 어떨 것 같나요? 분명 이런 답을 예상한 사람은 많지 않을 겁니다.

생리 주기는 일상과 업무를 위한 아직 실현되지 않은 자산이다.

일반적으로 생리 주기는 이점이라기보다는 불편으로 여겨졌습니다. 그리고 비즈니스 세계든 자기계발 분야든 모두 여성에 관한 근본적인 진실, 즉 여성의 능력이 한 달 내내 변화한다는 사실을 완전히 무시해왔습니다.

남성과 달리 여성은 몸과 마음에 주기적으로 변화가 일어나며 이 때문에 사고, 감정, 행동 방식에 영향을 받습니다. 생리 주기는 타고난 라이프 코치입니다. 그리고 여기에는 계획, 정리, 실행, 창의적 사고, 검토, 내려놓기를 위한 '최적의 기간'이 있습니다.

다른 자기계발 방식을 활용하기 힘든 건 여성의 태도와 관점이 일관되리라 비현실적으로 예상하고는 여성을 직선 구조에 억지로 끼워 넣어서 그렇습니다. 그러면 여성들은 최적의 기간 동안 다양한 범위에서 잠재력을 최대한 발휘하지 못합니다.

요즘의 자기계발은 남성적인 사고방식을 강요해 출발선에 서기도 전에 실패의 씨앗을 만들고 있습니다. 그리고 비즈니스 세계의 경직된 업무 구조는 여성의 주기적인 본성을 무시하기 때문에 결국 기업은 최고의 창의적 자원인 여성을 잃고 맙니다.

한 달 동안 우리에게 찾아오는 능력과 재능을 인식한다면 매우 생산적이고 통찰력 있게 주어진 일을 대할 수 있습니다. 또한 기대 이상의 성취감과 만족감을 얻을 수 있어요.

"미란다 그레이의 28일 플랜은 여성 직장인의 역량 강화에 큰 도움을 줍니다. 덕분에 시간과 강점을 최대한 활용하면서 활력이 떨어질 때는 조금 더 관대해질 수 있었어요."

— 테스, 인사부 직원(캐나다)

비즈니스 세계에서 여성의 방대한 능력을 활용하면 다른 경쟁자보다 한발 앞서 나갈 영감을 얻을 수 있다.

최적의 기간이란?

여성의 한 달은 크게 네 번의 최적의 기간으로 구성됩니다. 각각 체력, 정신력, 감수성, 직관이 특히 높아지는 기간으로 향상된 능력을 좋은 방향으로 활용하면 잠재력을 크게 발휘할 수 있습니다. 다시 말해 새로운 재능을 발견하고 더 많은 성과를 내며, 결국은 여성 본연의 모습으로 살아가며 능력을 발휘할 수 있어요.

여기서는 목적에 맞게 계획 일수를 제시했지만 28일 플랜은 생리 주기가 규칙적이든 불규칙적이든 상관없이 최적의 기간과 능력을 발견하는 데 도움이 됩니다. 이를 통해 의학의 도움을 받든 그렇지 않든 생리 주기를 잘 활용할 수 있습니다(자세한 내용은 8장 참조).

많은 여성이 한 달 동안 여러 가지 뚜렷한 단계를 경험합니다. 저는 이러한 단계를 역동적 단계, 표현적 단계, 창의적 단계, 성찰적 단계라고 구분합니다.

"대체로 역동적 단계와 표현적 단계에서 더욱 일에 집중하고 긍정적으로 생각하게 되더라고요. 이 단계에서는 충분한 에너지로 많은 일을 할 수 있습니다."

— 바버라, 교사(영국)

28일 플랜으로 나만의 최적의 기간을 발견하고 능력을 발휘해보자.

❶ 역동적 단계

생리 후부터 배란 전까지 나타나는 단계로 집중력, 학습, 탐구, 구조적 사고, 독립성, 체력을 위한 최적의 기간입니다.

❷ 표현적 단계

배란기 전후에 나타나는 단계로 의사소통, 공감, 생산성, 팀워크, 배려, 인간관계 형성을 위한 최적의 기간입니다.

❸ 창의적 단계

생리 전에 나타나는 단계로 창의성, 영감, 발상 전환, 문제 파악 및 해결, 자기주장을 위한 최적의 기간입니다.

❹ 성찰적 단계

생리기에 속하며 마음 정리, 핵심 파악, 검토, 재구성, 내려놓기, 새로운 아이디어, 휴식과 회복을 위한 최적의 기간입니다.

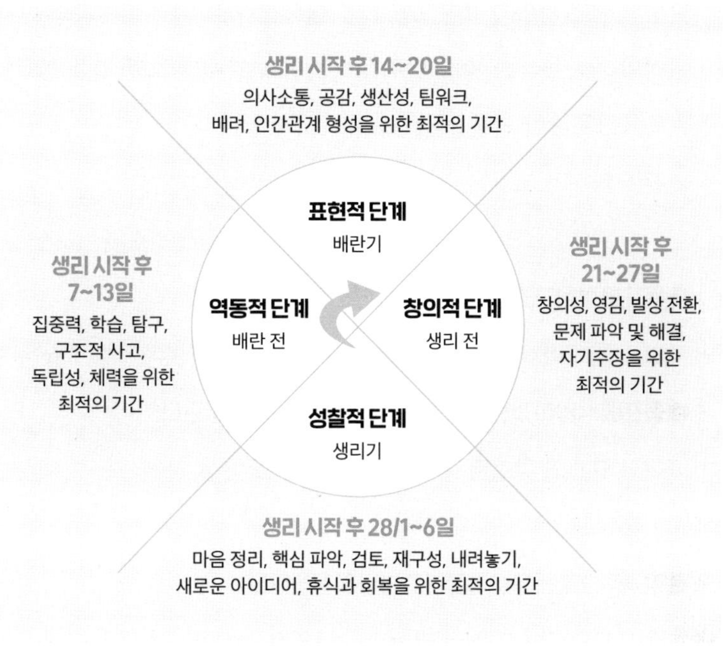

[생리 주기와 최적의 기간]

많은 여성이 현대 사회에 적응하느라 타고난 능력이 자연스레 발현되는 주기를 애써 무시하고 있습니다. 결국 이에 대한 대가로 더욱 열심히 일하고, 감당하기 힘든 일까지 맡으며 몸과 마음을 '해내야 하는' 상태로 만들고자 각성제까지 복용합니다. 네모난 구멍에 둥근 못을 박아 넣으려는 것처럼 나에게 맞지 않는 구조에 적응하려고 끊임없이 애쓰면서 성취감 없이 살아가는 것입니다.

나만의 월간 라이프 코치

최적의 기간이라는 타고난 주기에 맞춰서 지내다 보면 일상 목표와 업무 목표에 필요한 역량을 저절로 습득하게 됩니다.

기존의 라이프 코칭은 대체로 이렇게 제안할 겁니다.

❶ 목표를 설정하고 단계를 점진적으로 계획한다.

» 고도의 집중력과 구조적 사고가 요구되며 역동적 단계에 알맞습니다.

❷ 목표에 적합하게 행동하고 관련된 인간관계를 형성한다.

» 표현적 단계의 향상된 소통 능력, 자신감, 생산성, 사회성을 통해 관계 형성과 목표 달성에 도움을 얻을 수 있습니다.

❸ 적극적으로 문제를 해결하고 방향을 설정한다.

» 영감과 창의성이 더욱 잘 발휘되는 창의적 단계에서 직면한 문제를 해결할 수 있습니다. 또한 불필요한 일을 더 피하려다 보니 목표 의식이 명확해집니다.

❹ 진행 상황을 검토한다.

» 내면을 성찰하는 성찰적 단계에서 목표 진행 상황을 검토할 수 있습니다.

최적의 기간을 적극 활용하는 법

생리 주기를 고려하지 않으면 최적의 기간에 어긋나게 행동할 수 있어요. 예를 들어 새로운 프로젝트를 몸과 마음의 능력이 높아지는 역동적 단계가 아닌 창의적 단계처럼 전혀 적합하지 않은 단계에서 시작하는 겁니다.

다이어트나 피트니스를 시작했다가 며칠 만에 실패한 적이 있나요? 그렇다면 창의적 단계 또는 성찰적 단계에서 시작했을 가능성이 높습니다.

능력을 일관되게 발휘할 수 있다는 비현실적인 기대를 하면 이에 부응하지 못할 때 더욱 큰 좌절감과 스트레스를 받게 됩니다. 표현적 단계는 사람들과 생산적인 관계를 구축하는 시기이므로 역동적 단계처럼 고도의 정신력과 집중력을 계속 기대해서는 안 됩니다.

잠재력을 최대한 발휘하려면 최적의 기간을 이해하고 실용적으로 적극 활용해야 합니다. 하지만 대다수 여성은 이 말을 들으면 이렇게 반응할 거예요. '농담하지 마, 내가 내 인생/직장/상사/세상을 내 생리 주기에 맞춰 바꿀 수도 없잖아!'

충분히 나올 만한 반응입니다. 사실이기도 하니까요. 우리는 세상을 최적의 기간에 맞춰 구성할 수 없습니다. 하지만 생리 주기에 따라 향상된 능력을 잘 실천해서 최선을 다할 수 있습니다. 이를 통해 직장에서 빛을 발하고, 주어진 일을 성공적으로 진행하고, 일과 삶의 균형을 이룰 수 있어요.

직장에서 최적의 기간을 적극 활용한다면
능력을 최대한 발휘해 목표를 이룰 수 있다.

28일 플랜은 최적의 기간으로 잠재력을 끌어내 목표를 이룰 수 있게 설계된 계획입니다. 생리 주기에 따라 특정 업무나 작업을 하지 못한다는 게 아니라 주기와 업무를 잘 맞추면 효율적이라는 점이 포인트입니다. 자신의 새로운 재능과 능력을 발견하면 깜짝 놀랄 거예요.

28일 플랜이 필요한 사람

28일 플랜은 자기 능력의 깊이를 발견하고 실제로 적용하여 삶을 꾸려 나가려는 모든 여성을 위한 계획입니다. 이 계획은 다음 세 가지 주요 영역 중 하나 이상을 매일 실천하는 것으로 구성되어 있습니다.

❶ **자기계발:** 자신감, 자존감, 창의성, 인간관계, 생활 방식 개선, 자기 수용을 위해 행동함으로써 나다움을 탐구하고 행복감을 높일 수 있습니다.

❷ **목표 달성:** 진정한 목표 설정과 이를 위한 절차 및 동기 부여 방법 등을 알아봅니다.

❸ **업무 향상:** 잠재력을 최대한 발휘하는 방법과 나에게 맞는 업무를 파악하면서 효과적인 업무 수행과 합리적인 의사 결정에 도움을 얻을 수 있습니다.

이 계획은 생리 주기로 변화를 겪는 여성, 즉 호르몬 피임약을 복용하든 갱년기를 겪고 있든 모두 사용할 수 있습니다. 주기가 불규칙하거나 28일 플랜과 날짜가 맞지 않아도(누구나 그런 달을 겪곤 합니다) 조정할 수 있습니다. 또한 자신의 경험을 바탕으로 맞춤형 계획을 세우는 것도 가능합니다.

28일 플랜을 개발하기까지

1990년대에 저는 『레드 문Red Moon』이라는 책을 썼습니다. 그 책에서 창의성, 생각, 성욕, 마음 치유, 행복 등에 대한 영향을 반영한 생리 주기 접근법을 제안했죠. 저는 제 생리 주기가 프리랜서 일러스트레이터로서 창의성과 비즈니스에 영향을 미친다는 것을 깨닫고 그 책을 쓰게 되었습니다.

하지만 『레드 문』 출간 이후 유럽과 북미에서 워크숍과 강연을 진행하면서 가장 많이 들었던 질문은 '아이를 낳았거나 아직 아이를 원하지 않는데 생리 주기가 무슨 의미가 있느냐'는 것이었습니다. 멀티미디어 개발 회사의 크리에이티브 디렉터로 10년 넘게 일하면서 일상적인 업무 환경과 라이프 코칭에 적용할 만한 방식으로 이 질문에 답하기까지 많은 시간이 걸렸고, 『28일 플랜』이 그 답입니다.

많은 여성이 생리 주기마다 각기 다른 최적의 기간과 능력 변화를 경험할 것입니다. 그렇기에 이 책에서는 저를 포함해 여러 여성들의 경험을 바탕으로 무엇을 찾고 시도해야 하는지 소개하겠습니다.

생리 주기는 남성 중심의 비즈니스 세계에서 앞서가기 위한 역량 강화의 열쇠를 제공합니다. 이 책으로 기업이나 조직에서 여성의 생리 주기를 적극 활용할 수 있는 아이디어를 얻으리라 예상합니다. 항상 사회와 문화의 일부였던 생리 주기가 이제야 제자리로 돌아온 것입니다.

28일 플랜으로 생리 주기를
나의 발전을 위해 활용해보자.

다음 장에서는 네 번의 최적의 기간이 일상생활과 직장에 어떤 도움을 주는지 알아볼 것입니다. 또한 28일 플랜을 구체적으로 소개하고 이를 알맞게 활용하는 방법도 설명하겠습니다.

> "28일 플랜을 몇 년 전에 알았더라면 더 좋았을 텐데요. 생리 주기에 더 많은 것이 있음을 이해한 이후로 생리 주기에 맞서 싸우지 않고 협력하고 있습니다. 벌써 한 달 계획을 미리 세우고 있답니다."
>
> — 어맨다, 치료사(호주)

요 약

- 생리 주기를 자기계발과 목표 달성에 적극 활용할 수 있다.
- 생리 주기는 특정 능력과 인식에 따라 역동적 단계, 표현적 단계, 창의적 단계, 성찰적 단계로 나뉜다. 향상된 능력은 생리 주기에 따라 반복된다.
- 생리 주기의 각 단계에 맞는 능력을 활용하면 훨씬 성과를 내기 쉽다.
- 생리 주기는 계획, 행동, 인간관계 형성, 창의적 사고, 검토를 통해 목표 달성에 도움을 주는 타고난 라이프 코치다.
- 28일 플랜은 생리 주기를 겪고 있는 여성이라면 누구나 사용할 수 있다. 주기가 28일이 아니거나 변덕스러워도 충분히 유연하게 활용 가능하다.

2

이 책을 사용하는 방법

2

28일 플랜을 곧장 시작하고 싶은 사람도 있을 겁니다. 28일 플랜 실천법을 알려주는 이 책의 9장으로 바로 넘어가면 안 될 이유도 없죠. 하지만 최적의 기간에 일어나는 변화와 능력을 사례를 통해 알아두면 한 달 동안 무엇을 찾아야 할지 확신이 설 것입니다. 그래서 2장에서는 28일 플랜을 효율적으로 사용하는 방법들을 소개하고, 3장에서 생리 주기를 단계별로 구체적으로 파악하겠습니다.

생리 주기 동안 무슨 일이 일어나는지 알면 변화를 받아들이고 즐기면서 생리 주기를 독특하게 활용할 수 있습니다. 또한 최적의 기간마다 비현실적인 기대와 실제 나타나는 행동이 거의 충돌하지 않아요. 하지 말아야 할 일과 해야 할 일을 알아두면 늘 도움이 됩니다.

28일 플랜은 최적의 기간마다 능력을 발견하고 최대한 활용하도록 돕는 가이드입니다. 이 책에 나온 대로 사용해도 되고 한 주기만 그대로 따라 해보고 나서 나에게 맞게 수정해도 됩니다. 이를 위해 10장에서는 주기별 능력을 심층적으로 기록하는 방법을 '주기 다이얼'로 설명하겠습니다. 주기 다이얼은 생리 주기를 활용하면서 목표, 성공, 행복을 위한 잠재력을 최대한 발휘하도록 이끌어줄 것입니다.

28일 성공의 열쇠

최적의 기간에 향상된 능력을 잘 실천하려면 다음 다섯 가지 핵심을 알아두어야 합니다.

핵심 1: 인식
핵심 2: 계획
핵심 3: 믿음
핵심 4: 행동
핵심 5: 유연성

핵심 1: 인식

인식은 주기에 따라 잠재력과 재능을 발휘하는 데 필요한 가장 중요한 열쇠이면서 다른 모든 핵심의 기본이 됩니다.

> "매우 흥미로운 한 달이었습니다. 몸과 마음의 능력이 생리 주기와 연결되어 있음을 알게 되었으니까요."
>
> — 멜라니, 교사(영국)

잠재력을 최대한 발휘하고 새로운 재능을 발견하려면 매달 겪는 신체 변화와 정신력 또는 감정의 변화를 알아차려야 합니다. 무엇이 쉽고 어려운지 알아내서 생리 주기와 연관시키지 않으면 능력이 언제 최고치에 달하는지 모른 채 최적의 기간을 놓치게 됩니다. 그리고 잘못된 시기에 적합하지 않은 행동을 했을 뿐인데도 프로젝트, 목표, 업무에서 실패를 겪을 수 있어요.

자기인식은 더 많은 것을 더 잘 해내는 데 도움이 될 뿐만 아니라 자신감과 자존감도 키워줍니다. 또한 진정한 나를 발견하고 '생리 주기마다 달라지는 것'이 여성에게 나쁘기만 한 게 아니라 삶을 향상하고 힘을 실어준다는 사실을 이해할 수 있게 해줍니다.

핵심 2: 계획

몇 달 동안 28일 플랜을 통해 최적의 기간을 파악하면 매달 거의 같은 시기에 특정 능력이 향상된다는 걸 깨닫게 됩니다. 그 덕분에 다음 달에 향상될 능력을 예상해 계획을 세울 수 있고, 매일 하는 일이나 직장 업무에 도움을 얻을 수 있습니다. 기존 라이프 코칭과 달리 다음 달의 목표를 생리 주기에 맞춰 설정할 수 있는 겁니다.

사전 계획을 세워두면 필요한 것들을 적절한 타이밍에 배치하여 주어진 일을 빠르고 효율적으로 완료할 수 있습니다. 따라서 업무 조정에 시간을 낭비하지 않고 업무에 바로 집중할 수 있죠.

하지만 28일 플랜의 성패는 믿음에 달려 있습니다. 예상된 능력을 활용하기 위해 다음 주까지 일을 미뤄두려면 그 능력이 발휘되리라고 믿어야 합니다. 능력이 마감일 직전에 시작된다면 정말 힘든 도전이 될 수도 있으니까요.

다이어리를 활용해 계획을 세우면
목표를 이루고 성취감을 얻는 데 유리해진다.

핵심 3: 믿음

최적의 기간에 맞춰 일할 때 '마법 같은' 능력이 나타나지는 않아요. 하지만 능력의 변화에 따라 효율적으로 일할 수 있다고 믿어야 합니다.

28일 플랜에 믿음을 가지려면 우리가 매달 겪는 과정을 자각하고 계획과 행동으로 옮겨봐야 해요. 믿음에 대한 보상은 새로운 능력을 발견하거나 기대 이상의 성과를 내는 등 놀라운 결과로 나타날 것입니다.

여기서 믿음이란 최적의 기간이 될 때까지 작업을 미뤄두는 것을 의미합니다. 긴박한 상황에서는 업무를 미루는 게 무척 어려울 수 있습니다. 하지만 자신의 능력을 믿으면 좋은 성과를 내고 제시간에 일을 끝낼 수 있기 때문에 동료도 신뢰할 것입니다.

누군가는 제가 사업을 하다 보니 업무 일정을 직접 관리할 수 있어 쉬울 거라고 생각할 수도 있습니다. 반은 맞고 반은 틀립니다. 물론 업무에 조금 더 유연하게 대처할 수는 있지만 저 역시 고객, 거래처, 동료 등 다른 사람이 정한 마감일을 지켜야 합니다. 가능하면 향상된 능력에 맞게 업무를 조정하려고 하지만 회의 참석, 보고서 작성, 의사소통 등을 늘 최적의 기간에 하지는 못합니다. 그렇다고 해서 그 일을 아예 하지 못한다는 게 아니라 그저 잠재력을 최대한 발휘하지 못할 뿐입니다.

우리는 스스로에게 '그래, 급한 건 알지만 내 능력은 다음 주에 가장 높게 발휘될 거야'라고 말할 수 있을 만큼 최적의 기간을 믿어야 합니다. 저 또한 업무를 최적의 기간까지 남겨두었을 때 훨씬 짧은 시간에 더 많은 것을 얻을 수 있었습니다.

핵심 4: 행동

앞서 말했듯이 주기에 따른 능력을 믿으려면 최적의 기간에 적합한 행동을 하는 수밖에 없습니다. 그래야 최적의 기간이 우리에게 주는 특별한 효과를 경험할 수 있어요.

28일 플랜은 자기계발, 목표 달성, 업무 향상이라는 영역에서 28일 동안 매일 실천할 수 있는 방법을 제공합니다. 셋 중 하나의 일일 실천 과제를 선택하여 한 달 동안 시도해도 되고, 매일 둘 이상의 실천 과제를 선택하여 시도해도 좋습니다.

작은 부분이라도 최적의 기간을 적용하려고 애써야 합니다. 예를 들어 역동적 단계에서는 평소보다 집중력과 주의력이 높아지므로 이를 활용해 회계 업무를 처리하거나 재무 정리 및 구매 내역을 확인해보는 겁니다. 어쩌면 더 나은 거래나 가격을 찾아내거나 오류를 발견할지도 모릅니다. 또 한 가지 일을 끝내는 데 시간도 짧게 걸리고 덜 지루하죠.

최적의 기간에는 잠재된 재능이 실제 실력이 된다.

핵심 5: 유연성

우리는 시계추처럼 매번 똑같이 움직이지 않으니 계획에도 유연함이 필요합니다. 최적의 기간은 여성마다 생리 주기에 따라 더 규칙적이거나 불규칙적으로 바뀔 수 있습니다. 대체로 능력은 어느 시점에 확 향상되지 않고 해당 단계가 시작될 때 서서히 강해집니다. 그래서 평소보다 주기가 며칠 짧거나 일주일 이상 길면 계획이 잘못됐나 싶을 수도 있어요.

유연성이란 능력이 향상되는 시기가 바뀌었음을 침착하게 받아들이면서 인식과 경험을 바탕으로 새로운 시기를 어떻게 보낼지 살펴보는 것을 의미합니다. 다이어리를 꺼내서 다음 최적의 기간이 나타날 때를 계획하는 것이죠. 예를 들면 다음과 같습니다.

저는 포르투갈에서 휴가를 보내며 이 글을 쓰고 있었습니다. 최저가에 항공권을 구하다 보니 휴가 날짜가 창의적 단계 및 성찰적 단계와 겹쳤어요. 비록 휴가 기간이지만 저는 창의적 단계가 글쓰기에 가장 좋은 시기임을 '인식'하고 '믿음'과 '행동'으로 일주일 내내 글을 쓰겠다는 '계획'을 세웠습니다. 하지만 호르몬이 바뀌면서 너무 일찍 성찰적 단계에 접어들었죠.

그럼 이제 제게 남은 것은 무엇일까요? 글쓰기 부담 없이 자유롭게 휴가를 보낼 수 있을까요? 그렇지 않습니다. 여전히 글을 쓰고 있지만 이번에는 단순히 성찰적 단계에서 떠오르는 아이디어를 적고 있을 뿐이죠.

그런 다음에 역동적 단계에서는 휴가지에 흩어 놓았던 메모들을 검토하여 다음 장을 구성해볼 겁니다. 이후 창의적 단계에서 다시 글을 쓰고 신체 변화에 좀 더 주의를 기울일 거예요. 해변에 누워 깊이 사색하면서요.

이제 이 다섯 가지 핵심이 어떻게 함께 작동하는지 이해했으리라 생각합니다. 앞으로 최적의 기간에 맞춰 실천하면 좋을 행동들을 알려주겠지만 저처럼 최적의 기간이 예기치 않게 변한다면 언제든지 계획을 건너뛰어도 됩니다.

향상된 능력을 행동으로 많이 옮길수록 내 역량을 잘 파악하고 문제, 업무, 목표에 훨씬 유연하게 접근할 수 있습니다. 향상된 능력을 놓쳤다고 후회하거나 상태가 좋아지기만 바라는 대신에 최적의 기간을 현재 업무에 어떻게 적용할지 고민하게 될 테니까요. 같은 상태를 유지하려고 할 때보다 더 큰 통찰력과 성취를 얻을 수 있습니다.

> "여성이 주기에 따라 어떻게 달라지는지 알면 최적의 기간을 활용해 건강, 가족, 경력에 도움을 얻을 수 있어요. 28일 플랜에 깊은 감사를 표합니다."
>
> — 자흐라 하지, 요가 수행자(캐나다)

요 약

- 생리 주기 동안 무슨 일이 일어나는지 알면 변화를 받아들이고 즐기면서 생리 주기를 독특하게 활용할 수 있다.
- 28일 플랜을 잘 실천하려면 다음의 다섯 가지 핵심을 알아두어야 한다.
- ① 인식: 한 달 동안의 몸과 마음의 변화를 파악하면 언제 어느 능력이 향상되는지 발견하고 새로운 재능을 찾을 수 있다.
- ② 계획: 능력이 향상되는 시기에 맞춰 계획을 세우면 주어진 일을 효율적으로 처리하고 더 좋은 결과를 얻을 수 있다.
- ③ 믿음: 향상된 능력을 믿는다는 것은 그 능력이 언제 나타나거나 변하는지 알며 목표와 업무에 놀라운 결과를 불러올 거라는 자신감에서 비롯된다.
- ④ 행동: 최적의 기간에 맞게 행동하면 향상된 능력의 힘과 다양성을 경험할 수 있다. 즉 잠재적인 재능이 실제 실력이 된다.
- ⑤ 유연성: 일이 계획대로 진행되지 않을 때 유연하게 적용한다는 것은 향상된 능력이 주기에 따라 나타난다는 사실을 인정하고 재능을 당면한 업무에 알맞게 적용한다는 것을 의미한다.
- 여성은 항상 다음 달에 특정 능력을 고도로 발휘할 기회를 얻는다.

3

생리 단계 알아보기

3

생리 주기란?

알다시피 생리 주기는 배란 때의 난자 배출과 생리 때의 자궁 내막 배출이라는 두 과정을 중심으로 돌아갑니다. 생리는 시작하면 대번에 알 수 있고, 생리 전 단계 역시 생리 전 증후군PMS을 겪는 사람이라면 분명히 알 수 있지만 배란 전 단계와 배란기의 변화를 인식하는 여성은 많지 않습니다.

이 때문에 많은 여성이 생리를 생리 주기 전체의 한 단계가 아니라 단일한 이벤트로 잘못 인식하고 있습니다. 고통스럽거나 거추장스러운 생리 전 증후군과 생리 증상을 겪고 있다면 대부분의 시간을 '정상'으로 보내다가 한 달에 며칠 동안 '비정상'이 된다고 생각할 수도 있어요. 하지만 이런 식으로 대하면 생리 주기는 그저 매달 반복되는 비정상적인 이벤트로 치부되고 맙니다.

여성의 생리 주기

생리(약 1~5일):

자궁에서 오래된 내막이 벗겨진다.

배란 전(약 6~11일):

난소에서 난자가 발달하고 자궁 내막이 두꺼워지며 호르몬 수치가 상승한다.

배란(약 12~16일):

난자가 성숙하여 수정할 준비가 된 상태로 배란된다.

생리 전(약 17~28일):

호르몬 수치가 떨어지고 수정란이 있을 경우 자궁 내막에 착상한다.

우리는 여성의 '정상'이 '비정상'으로 해석된다는 점과 주기마다 다른 사람이 된다는 점을 인식하지 못합니다. 또한 신체 변화가 생각, 능력, 감정, 욕구에 영향을 미치며 이로써 주기마다 사고방식, 재능과 능력, 욕구가 다르게 나타난다는 점도 알아채지 못하죠.

"정말 놀랐어요. 제가 한 달 동안 얼마나 많이 변하는지 몰랐거든요."

— 멜라니, 교사(영국)

예를 들어 통증을 느끼는 한계점은 한 달 내내 변합니다. 시력과 청력뿐 아니라 심박수, 체력, 협응력 및 공간 인식 능력, 유방 크기와 치밀도, 소변 성분, 체온, 체중 등도 모두 변할 수 있죠. 이러한 변화는 체력과 사고방식뿐만 아니라 의식과 잠재의식의 관계에도 영향을 미칩니다. 하지만 우리는 그동안 항상 같은 자질을 보여야 한다고 배워왔죠.

자연의 관점에서 볼 때 생리 주기는 매달 생식력을 회복하기 위해 존재합니다. 생리 주기는 여성에게 임신 기회를 주죠. 다시 말해 우리가 겪는 몸과 마음의 변화는 임신을 준비하기 위한 것입니다. 하지만 임신하지 않을 때도 생리 주기로 인해 다른 변화가 일어납니다.

안타깝게도 임신에만 초점을 두면 여성의 또 다른 역할을 인식하지 못합니다. 아이가 생기지 않았든, 이미 아이가 있든, 새로운 가족을 원하지 않든 생리 주기로 인한 변화는 삶을 다양하게 꾸려 나가도록 합니다. 즉 관계, 공동체, 구조, 성장, 목표와 계획, 성공과 성취, 조화, 예술, 종교, 과학, 미래를 창조하는 데 도움이 됩니다.

생리 주기는 여성이 미래 세대를 키워서 문화와 사회를 창조해나가도록 설계되었습니다. 이처럼 생리 주기는 이타적일 뿐만 아니라 여성이 세상에 이름을 남기고 개인적인 성공을 달성할 수 있는 역량도 제공합니다. 자연은 여성이 출산만을 위한 도구로 전락하길 바라지 않습니다. 생리 주기에 따른 다양한 능력을 통해 여성의 개성과 목표와 꿈을 응원하죠.

생리 주기는 여성이 사회와 문화를 창조하고
개인적인 목표를 이룰 수 있게 해준다.

매달 바뀐다니 무슨 뜻일까?

앞서 설명한 생리 주기의 네 단계에 엄격한 경계가 있지는 않습니다. 매주 비교할 수 있게 구분했을 뿐이죠. 28일 플랜은 주기별 변화를 쉽게 발견하도록 주기를 각 단계로 세분화하여 구성했습니다.

각 단계는 에너지, 능력, 인식을 점차 다르게 겪는 방식으로 변화합니다. 예를 들어 표현적 단계(배란기)의 시작점에는 역동적 단계(배란 전)의 에너지와 능력에 표현적 단계의 특성이 혼합되어 있습니다. 역동적 단계의 능력은 표현적 단계의 능력이 향상되면서 감소해요.

처음에는 아리송하겠지만 다음 모델을 살펴보면 생리 주기의 흐름을 조금 더 쉽게 이해할 수 있을 거예요. 다음 그림과 같이 생리 주기에는 '행동'에 집중적인 능동적 시기와 '존재'에 좀 더 부합하는 수동적 시기가 있습니다.

생리 주기 중 역동적 단계(배란 전)와 창의적 단계(생리 전)는 행동 중심적이고 자아 주도적입니다. 생리 후인 역동적 단계에서는 체력이 샘솟고 추진력, 의지력, 자발성을 경험하게 됩니다. 하지만 다음 단계인 표현적 단계에 가까워질수록 이러한 추진력과 자발성은 점점 줄어들고 주어진 상황에 순응하게 되죠.

마찬가지로 창의적 단계에서는 신체 활동이 왕성해지고 더욱 무엇을

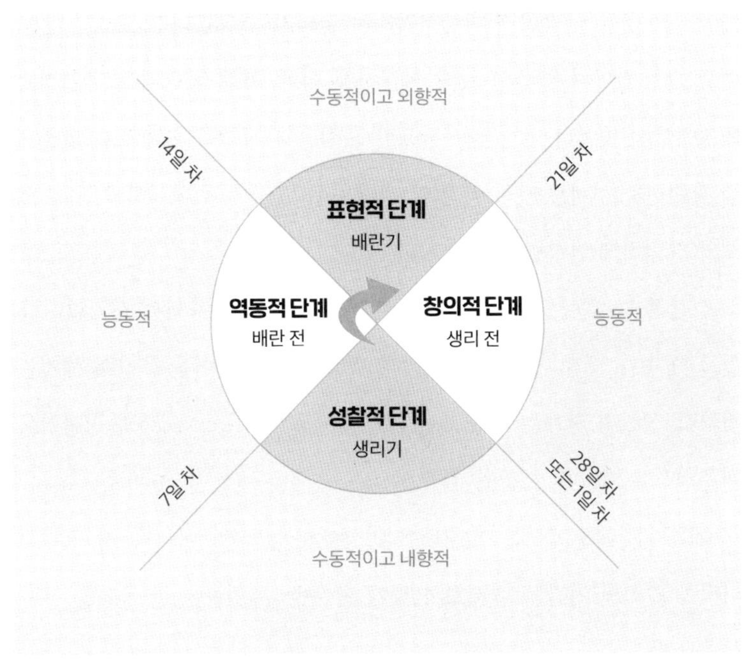

[능동적-수동적 주기 모델]

만들거나 행동하고 싶어집니다. 하지만 이러한 욕구도 다음 단계인 성찰적 단계에 가까워져서 체력이 떨어지기 시작하면 좌절감으로 바뀌는 경우가 많습니다.

생리 주기를 조수 간만의 차이에 비유하면 이해하기 쉽습니다. 표현적 단계는 밀물, 성찰적 단계는 썰물, 역동적 단계 및 창의적 단계는 밀물과 썰물이 드나드는 시기에 해당합니다.

밀물과 썰물처럼 수동적인 시기에 해당하는 표현적 단계와 성찰적 단계에서는 일을 급박하게 성사시키려는 열의가 부족합니다. 오히려 부드럽고 수용적이며 참을성 있게 접근하게 되죠. 표현적 단계는 추진력과 의지력에서 벗어나 안정감과 편안한 휴식을 가져다줍니다. 또한 밀물처럼 강력한 에너지로 가득 차 있어 타인을 돕고, 관계를 형성하고, 외부 세계와 강력하게 연결될 수 있습니다.

성찰적 단계는 썰물처럼 체력, 추진력, 자아가 위축되는 시기입니다. 썰물 때 물이 빠져나가야만 밀물 때 새로운 물이 들어올 공간이 생기는 것처럼, 성찰적 단계는 세상의 근심과 걱정을 내려놓고 체력과 정신력을 재충전하는 휴식의 시간입니다.

이어지는 내용에서는 이 모델을 일상에서 어떻게 경험하는지, 그리고 이러한 최적의 기간을 실제로 어떻게 활용할 수 있는지 한 주기를 통해 살펴보겠습니다.

생리 주기 단계별 행동과 태도

1. 성찰적 단계: 수동적인 시기

생리 시작일로부터 약 28/1~6일

생리 중에는 체력이 떨어지고 잠이 쏟아지며 집중력과 기억력이 줄어듭니다. 어떤 행동을 하기 힘들거나 의지와 노력을 더 들여야 할 수도 있어요. 심지어 멍하니 창밖을 바라보기도 하고, 세상과 단절되었다고 느끼거나 아무런 긴장감 없이 하루를 보내다 보니 활력도 떨어집니다.

이 시기에는 더욱 수용적이고 관용적인 태도로 내가 원하는 것을 내려놓고 타협하게 됩니다. 속도를 늦추고 몸을 돌보며 휴식과 재충전을 하기에 가장 좋은 기간이죠. 모든 걱정을 내려놓고 현재에 머물면서 공상에 빠져 창의력을 발휘하고 나에게 중요한 것과 다시 연결될 수 있는 시간입니다.

2. 역동적 단계: 능동적인 시기

생리 시작 후 약 7~13일

생리가 끝나가면 겨울잠과 같은 상태에서 깨어나기 시작합니다. 더 이상 나른해지지 않고 체력과 정신력도 훨씬 좋아지죠. 능동적으로 생활해야겠다는 의욕이 생깁니다.

또한 이 시기에는 더 예리해진 지성으로 생리 중에는 하지 못한 일들을 빠르게 처리하고 냉철하고 논리적으로 판단할 수 있게 됩니다. 행동하거나 영향을 끼치거나 성과를 내려고 하고, 일을 원하는 대로 처리하기 위해 세상을 바꾸고 싶은 충동을 강하게 느낄 수도 있습니다.

이 단계는 새로운 생활 방식을 시작하고, 삶과 업무에 변화를 주고, 새로운 일을 벌이기에 가장 좋은 기간입니다.

> "8일 차, 역동적 단계: 집중력과 주의력이 좋아지고 여러 가지 일을 한꺼번에 잘 처리하고 있습니다. 인사 관리 능력, 즉 적극적인 경청과 검증도 쉬워졌죠. 논리력도 향상되었습니다."
>
> — 데버라, 스타일리스트(프랑스)

3. 표현적 단계: 수동적인 시기

생리 시작 후 약 14~20일

배란기에 접어들면 체력, 추진력, 의지력이 서서히 변화하기 시작합니다. 행동을 취하거나 의견을 드러내는 것뿐 아니라 주어진 일이든 개인적인 소망이든 결단력 있게 해결하지 못합니다. 그 대신 부드러운 태도로 사람들에게 무엇이 필요한지 파악하고 원만하게 도와줄 수 있습니다. 체력은 여전히 양호하지만 역동적 단계와 달리 감정과 정서가 더 중요해지죠.

이 단계는 프로젝트를 주도하기보다는 곁에서 지원하고 새로운 인간관계를 맺으며 개인이 아닌 팀으로서 성과를 내기에 가장 좋은 기간입니다. 일부 여성과 문화권에서는 이 단계의 에너지와 능력을 여성적이라고 정의하기도 합니다.

4. 창의적 단계: 능동적인 시기

생리 시작 후 약 21~27일

많은 여성이 가장 힘들어하는 생리 전 단계로 서서히 넘어가는 시기입니다. 창의적 단계에서는 역동적 단계와 마찬가지로 자기중심적인 태도로 욕구와 충동을 많이 느낄 수 있습니다. 하지만 역동적 단계와 달리 체력이 감소하고 감정과 열정이 강해집니다.

창의적 단계의 창의력은 단순히 물질적인 창조에 국한되지 않고 정신적인 면도 포함합니다. 그러나 생각이 쉽게 딴 길로 새서 불안감, 두려움, 결핍감을 느끼고 자신을 깎아내리려 할 테니 유의해야 합니다.

놀랍게도 창의적 단계가 가장 강력한 최적의 기간일 수 있습니다. 인내심을 발휘하여 몸과 마음의 노폐물을 제거하기에 매우 유용한 시기이기 때문입니다. 많은 여성이 생리 며칠 전에 미친 듯이 청소하고 주변을 정리합니다. 또한 창의적 단계에서는 자유롭게 창조하고, 추론하고, 상상하다가 쓸 만한 아이디어를 떠올리게 됩니다. 이후 생리기에 접어들면 몸과 마음 모두 속도를 늦추고 재충전하는 시간을 보내게 되지요.

> "지난달에 제 물건을 모두 정리하고 쓰레기를 세 봉지나 버렸어요. 생리 주기를 확인해보니 창의적 단계더라고요."
>
> — 야스민, 법률 사무원(영국)

이렇듯 생리 주기는 능동적인 시기와 수동적인 시기로 나뉩니다. 따라서 일을 실행하는 데는 능동적인 시기를 활용하고, 프로젝트나 나를 포함한 주변 사람을 지원하는 데는 수동적인 시기를 활용하는 것이 합리적입니다. 수동적 시기에 능동적 시기의 에너지와 능력을 기대하면 긴장감, 좌절감, 스트레스가 커질 수 있습니다. 마찬가지로 능동적 시기에 수동적인 태도, 인내심, 공감 능력을 바라는 것도 스트레스를 유발할 수 있어요. 두 경우 모두 우리를 자기 자신이 아닌 다른 사람이 되기를 강요하기 때문입니다.

우리의 행동 양식을 능동적·수동적 시기에 맞추면 자기 자신과 싸우려는 내적 스트레스에서 해방되어 자신을 믿고 존중하게 됩니다.

어느 단계에서든 있는 그대로의 내가 되어야만
스스로를 받아들이고 자신감을 얻을 수 있다.

한편 생리 주기를 구분하는 방법에 능동적 시기와 수동적 시기만 있지 않습니다. 생리 주기는 외부 세계인 의식과 내면세계인 잠재의식으로도 구분 지을 수 있습니다.

한 달 동안 겪는 일들을 되짚어보면 생리 주기가 두 시기로 나뉜다는 것을 알게 됩니다. '의식'에 따라 추론하고 외부 세계에 더 집중하는 외부 집중 시기와 '잠재의식'에 따른 직관이 강해지는 내면 집중 시기입니다. 외부 집중 시기는 역동적 단계(배란 전)와 표현적 단계(배란기)에 해당됩니다. 내면 집중 시기는 창의적 단계(생리 전)와 성찰적 단계(생리기)입니다.

그렇다면 외부 집중 시기와 내면 집중 시기는 어떻게 겪게 되고, 또 최적의 기간은 어떻게 사용할 수 있을까요?

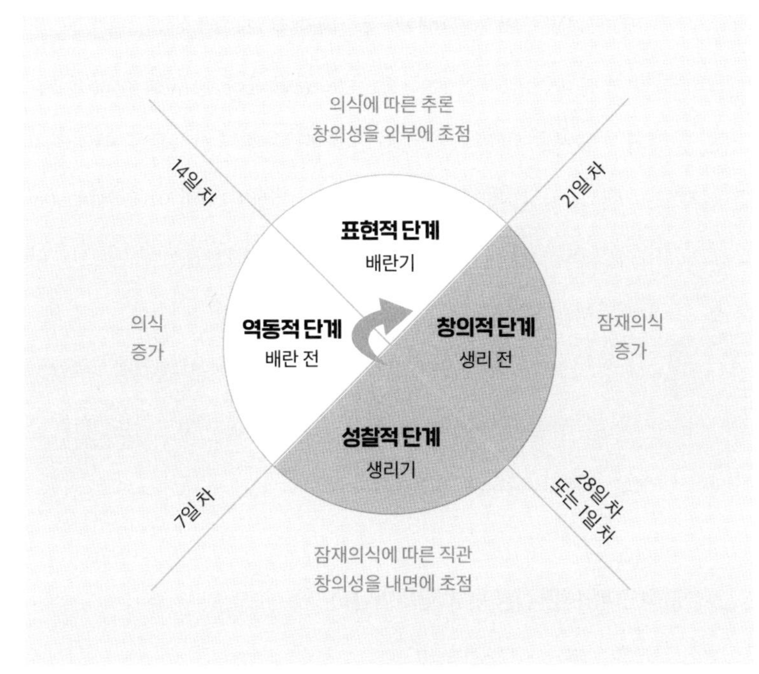

[의식-잠재의식 주기 모델]

생리 주기 단계별 행동과 태도

1. 창의적 단계 : 내면 집중 시기 (잠재의식↑)

생리 시작 후 약 21~27일

의식보다 잠재의식이 즉각 작용하는 창의적 단계와 성찰적 단계에서는 아이디어, 창의적인 해결책, 깨달음이 그전보다 자주 불쑥하고 떠오릅니다. 먼저 창의적 단계에서는 백지에서 아이디어를 얻고 추진력으로 이를 다른 것과 연관시켜 남들에게 열정적으로 전달합니다. 남들은 따라잡지 못할 독창적인 생각을 추진할 수도 있습니다. 당연히 신나겠죠!

흔히 창의적 단계는 마음과 감정의 혼란 때문에 부정적으로 여겨지지만 실제로는 변화, 성장, 치유를 위한 강력한 단계입니다. 이 단계에서는 잠재의식이 두드러지고, 억압된 감정과 정신적 문제가 일상 속에 스며 나오죠. 그래서 뜻밖의 감정과 생각이 불쑥 떠오르는 겁니다.

다시 말해 창의적 단계는 내면의 가장 깊숙한 문제를 발견할 수 있는 최적의 기간으로, 성장과 행복을 위해 잠재의식이 확인하고 처리해야 할 문제를 인식할 수 있습니다.

2. 성찰적 단계 : 내면 집중 시기 (잠재의식↑)

생리 시작일로부터 약 28/1~6일

창의적 단계에 이어서 성찰적 단계 역시 너그러운 태도로 일상을 다르게 대하게 됩니다. 내면을 인식하면서 직관이 이성과 논리적 사고보다 강해지죠. 창의적 단계와 마찬가지로 통찰과 아이디어가 불쑥 떠오르지만 실행에 옮길 추진력이 부족할 수 있습니다. 또한 현실에서 무언가를 창조하기보다는 내면을 깊이 통찰하려는 경향이 있어요. 그래서 성찰적 단계에서는 차분해진 마음으로 일상의 생각, 두려움, 기대에 가려져 있던 내 모습을 마주하게 됩니다.

"성찰적 단계는 미래를 꿈꾸고 계획을 세울 수 있는 시간이에요."

— 너태샤, 도서관 사서(영국)

정리하자면 창의적 단계와 성찰적 단계는 자기계발, 과거의 일 정리, 감정 확인 및 해소, 창의적 표현, 사고방식 재정립, 그리고 자신의 진심을 깨닫고 직관과 소통하기에 이상적인 시기입니다.

3. 역동적 단계 : 외부 집중 시기 (의식↑)

생리 시작 후 약 7~13일

반면 역동적 단계와 표현적 단계는 이성적인 사고 과정과 외부 세계에 더욱 지배받습니다. 훌륭한 아이디어만으로 충분하지 않으며 이를 어떻게 정리하고 적용할지 고민해야 합니다. 역동적 단계가 그런 일을 가능하게 하지요. 역동적 단계에서는 논리적으로 사고하고, 아이디어를 실용적으로 적용할 수 있습니다. 또한 체계적으로 문제를 파악해 해결하고 관점을 넓힐 수 있죠.

4. 표현적 단계 : 외부 집중 시기 (의식↑)

생리 시작 후 약 14~20일

표현적 단계에서는 외부 세계와 어떻게 연결되고 소통하는지가 중요합니다. 종종 자아와 목적이 남들에게 휘둘리기도 하며 타인이나 외부 환경에 따라 가치와 성취감이 달라지기도 합니다. 개성과 성취감이 모호해지는 성찰적 단계와 달리, 표현적 단계에서는 나 자신과 프로젝트를 지원해줄 관계를 구축하고 아이디어를 실현할 사람들과 소통할 수 있습니다.

주기를 바라보는 두 가지 모델, 즉 능동적-수동적 주기 모델과 의식-잠재의식 주기 모델은 단순히 주기마다 겪는 경험을 구조화한 것이며 사람마다 다를 수 있습니다. 이를 통해 에너지의 밀물과 썰물을 파악하고, 우리가 누구이며 행복과 성취감을 느끼려면 무엇을 해야 하는지 발견하게 될 겁니다.

저 같은 경우에는 일을 하다 생리 주기별 능력을 알게 되었습니다. 그 전까지 작가는 꿈에도 생각지 못했죠. 이미지로 사고하는 예술가였지, 언어로 사고하는 사람이 아니었거든요. 하지만 생리 전 단계에서 저도 글을 쓸 수 있다는 사실을 알게 되었습니다. '그 영역'에 있을 때는 단어들이 쉽게 흘러나왔으며 그때 쓴 것들을 다른 단계에서 읽어보고 깜짝 놀라기도 했습니다.

최적의 기간은 아름답고 놀라운 선물이었습니다. 주기마다 달라지는 타고난 비일관성을 어떻게 활용할지 알아보기 전까지는 가지고 있는 줄도 몰랐던 선물이었죠. 28일 플랜으로 여러분도 놀라운 선물을 찾을 수 있기를 바랍니다!

"그날 밤 많은 여성을 대표하여 생리 주기를 다시는 예전처럼 보내지 않을 거라고 말했습니다. 미란다의 프레젠테이션은 제 선택과 경험을 재구성해주었습니다."

— 에이미 세지윅,
레드 텐트 시스터즈Red Tent Sisters 소속 직업 치료사(캐나다)

성취감을 찾아서

한 달 내내 일관되게 보낸다고 생각하면 느끼는 욕구도 매번 같을 겁니다. 또한 한 주에 충족된 욕구가 다음 주에도 똑같이 충족되리라 기대하지요. 그러나 생리 주기를 이해하면 이러한 기대가 여성에게 맞지 않는다는 것을 알게 됩니다. 행복감과 성취감을 느끼려면 생리 주기의 각 단계에서 서로 다른 욕구를 표현하고 충족해야 합니다.

많은 여성이 생리 주기마다 자신이 달라진다는 사실을 쉽게 받아들이지 못하며 한두 단계에 머물고 싶어 합니다. 커리어우먼이 역동적 단계의 능력을 계속 유지하고 싶어 하거나 아이를 둔 엄마가 공감 능력을 발휘할 수 있는 표현적 단계에 머물고 싶어 하는 식이죠. '항상 같은 상태라면 많은 것을 성취할 수 있지 않을까?'라고 외치면서요.

만약 우리가 역동적 단계에 계속 머문다면 분명 더 활동적으로 성공을 향해 나아갈 것입니다. 그리고 남성적인 비즈니스 구조에서 남성처럼 생각하고 행동하기 때문에 더 잘 싸울 수 있겠지요. 하지만 다양한 역량과 경험을 접하고 표현하는 기회를 잃게 될 것입니다. 예를 들어 표현적 단계의 공감 능력과 이해심을 잃어서 고객이나 클라이언트와 능숙하게 소통하지 못하겠죠. 또한 창의적 단계의 넘쳐나는 영감을 잃어서 광고 캠페인을 성공시키거나 소비자의 심리를 제품과 연결하거나 쓸모 있는 워크숍, 제품, 기사 등을 만들어내지 못할 것입니다. 마지막으로 성찰적 단계의 차분함이 없다면 나에게 무엇이 옳으며 무엇을 바꿔야 행복해지는지 알아내는 능력을 잃고 맙니다.

우리의 몸과 마음이 주기를 띤다는 사실을 받아들이고 이를 긍정적으로 해석한다면 다음과 같이 대조된 욕구를 똑같이 중요시하게 될 것입니다.

- 개인적 성취와 인간관계
- 직장 생활과 가정생활
- 행동 중심적 사고와 단순히 시간을 보내는 것
- 새로운 시작을 위한 행동과 멈추고 흘려보내기
- 외부 세계에 집중하는 것과 잠재의식을 경험하는 것
- 이성적인 사고와 직관 인정하기
- 분석적 사고와 영감 및 창의성 활용

생리 주기의 특정 단계에 압도되지 않으면 삶을 전체적으로 개선할 수 있습니다. 꿈과 책임뿐 아니라 모든 욕구와 필요를 충족하면서 일과 삶의 균형을 이룰 수 있죠.

일과 삶의 균형을 이루는 비결은 두 가지입니다. 첫째, 한 번에 모두 해결하려 하지 마세요. 둘째, 한 달 내내 똑같은 사람이 되려고 하지 마세요.

생리 주기를 나에게 맞게 이용하자!

삶을 충만하게 보내려면 생리 주기의 각 단계를 좀 더 자세히 이해할 필요가 있습니다. 각 단계가 어떤 영향을 미치는지 살펴보고 매달 겪는 변화를 삶과 일, 꿈과 목표에 어떻게 하면 긍정적이고 실용적으로 적용할지 찾아봐야 해요.

이어지는 네 장에서는 각 단계의 주요 변화와 영향, 그리고 기회를 살펴볼 것입니다. 또한 단계마다 어떤 능력이 탁월해지는지, 반대로 어떤 능력에 주의가 필요한지 살피면서 다양한 전략을 소개하겠습니다. 여러분의 아이디어를 추가할 수 있게 빈칸도 마련해두었습니다.

다음 장부터 설명하는 내용 중 일부는 사람마다 다른 단계에 적합할 수 있습니다. 생리 주기를 다루는 데는 정해진 규칙이 없으므로 나에게 가장 잘 맞는 방법을 활용해보세요.

요 약

- 여성은 한 달 동안 많은 신체 변화를 겪는데 그중 대부분은 자신도 모르게 느낌, 생각, 행동에 영향을 미친다.
- 생리 주기는 끊임없이 변한다. 네 단계로 구분한 것은 주기별 비교를 통해 변화를 더 잘 파악하기 위함이다.
- 실제로는 그렇지 않은데도 한 달 내내 몸과 마음이 똑같을 것이라고 기대하지 말자.
- 생리 주기는 생식력 회복과 출산뿐 아니라 문화, 사회 및 개인의 목적과 창조를 위한다.
- 생리 주기의 변화를 이해하는 데 도움이 되는 두 가지 모델로 능동적-수동적 주기 모델, 의식-잠재의식 주기 모델이 있다.
- 생리 주기를 받아들이면 한 달 내내 일관되게 행동하려고 자신에게 스트레스를 가하지 않는다.
- 생리 주기에 맞춰 살면 변화하는 욕구를 자연스럽게 충족하고 행복감과 성취감을 느낄 수 있다.
- 생리 주기는 일과 삶의 균형을 오래 유지할 수 있게 돕는다.

4

창의적 단계 솔루션

생리 전 : 생리 시작 후 21~27일

4

생리 주기 중 창의적 단계(생리 전)부터 살펴보도록 하죠. 창의적 단계는 직장 생활, 인간관계, 하고 있는 일, 자아상에 가장 큰 영향을 미치는 시기로 매우 중요합니다. 또한 다양한 생리 전 증후군PMS을 겪고 있다면 이 시기가 가장 어려울 테니 더 잘 알아야 해요.

생리 전 증후군의 원인에는 다양한 의견이 있으며 일부 여성들은 일상을 방해받을 정도로 증상이 심각해서 여기서도 가볍게 여기지 않겠습니다. 28일 플랜은 다른 치료법이나 접근법과 함께 사용할 수 있으며 이 책 10장에 따라 주기 다이얼을 작성하면 증상이 언제 발생하고 어떤 영향을 미치는지 파악할 수 있을 것입니다.

창의적 단계에서는 일반적으로 체력과 정신력이 서서히 저하하고 신체적 긴장감, 좌절감, 공격성이 증가합니다. 또한 극도로 예민해지고 기분 변화가 심하며 내면 깊은 곳에서 나오는 감정과 느낌에 압도당할 수 있습니다. 안절부절못하고 불안에 휩싸여 트집을 잡으려 하고, 또 잠재의식 속으로 서서히 빠져들면 주변 사람들도 힘들어할 수 있어요.

> "창의적 단계에서는 잠을 더 많이 자고 사람들과 만나는 시간을 줄여야 해요. 효과가 없는 건 냉철하게 포기할 수 있지만 평가에 민감해지죠. 또한 창의적인 감성과 성취감이 부족하다고 느낍니다."
>
> — 데버라, 스타일리스트(프랑스)

그렇다면 창의적 단계가 잘못된 걸까요? 그러지 않습니다. 창의적 단계는 번뜩이는 아이디어를 주고 감정적 짐을 정리해 나에게 가장 필요한 것을 찾도록 도와줍니다.

창의적 단계란 무엇일까?

창의적 단계는 체력, 집중력, 기억력이 점차 감소하며 성찰적 단계에 가까워질수록 이러한 감소는 더욱 뚜렷해집니다. 창의적 단계가 진행될수록 잠재의식이 강해지면서 내면세계의 영향력이 커집니다. 따라서 영감이 샘솟고 해결하지 못했거나 시급한 감정적 문제를 발견하게 되죠. 또한 행동을 취하고, 변화를 일으키고, 일을 '올바르게' 처리하고, 무언가를 창조하려는 강한 추진력을 느낍니다. 하지만 체력과 집중력이 약해지다 보니 좌절감, 분노, 짜증이 늘어납니다.

창의적 단계는 롤러코스터를 탄 것처럼 신체 행동, 창의성, 공격성이 폭발합니다. 이와 더불어 뜬금없이 눈물이 나고 예민해지며 결핍감, 부정적 생각, 쉬고 싶은 욕구가 커지죠. 그래서 어수선하긴 하지만 직관적으로 생각하다 보면 예상치 못한 곳에서 아이디어나 연결 고리 등을 끄집어내게 됩니다.

> "창의적 단계에서 에너지가 샘솟고 신체 활동이 급격히 늘어날 때가 많아요. 파일이나 찬장을 정리하거나 집을 깨끗하게 청소하고 싶어지죠. 아이디어를 어떻게 구체화할지 조급해하면서도 나중에 사용하려고 메모를 남기기도 합니다."
>
> — 야스민, 법률 사무원(영국)

정리하자면 창의적 단계는 얼핏 극단적인 것 같지만 멋지고 긍정적인 것들을 크게 경험할 수 있습니다. 또한 심오한 인식과 행동을 결합하여 창조하고, 치유하고, 새로운 질서를 만들고, 오래된 사고의 한계를 돌파할 수 있어요.

머릿속에 나타나는 변화

창의적 단계에서 성찰적 단계로 넘어가면서 우리는 명상을 할 수 있습니다. 저는 치유와 명상을 가르치면서 여성들이 창의적 단계가 끝나갈수록 깊은 명상에 쉽게 도달한다는 사실을 알게 되었습니다. 실제로 일부 여성은 깨어 있는 상태에서 명상을 할 수 있어요. 저는 첫 번째 책에서 이러한 경험을 '세계 사이'에 있는 것이라 표현했는데, 이 상태에서는 자아에 대한 인식과 지각이 내면을 향합니다.

1997년 신경치료저널Journal of Neurotherapy에 실린 데이비드 노튼David Noton 박사의 논문 〈생리 전 증후군, 뇌파 및 광자극PMS, EEG and Photic Stimulation〉에는 "생리 전 증후군을 앓고 있는 여섯 명의 여성을 대상으로 한 뇌파 연구에 따르면 생리 전에 뇌파가 더 느리게 (델타파) 활동하는 것으로 나타났다"라는 내용이 있습니다. 델타파는 우리가 렘수면에서 깊은 수면으로 빠져들 때 발생하는 뇌파입니다. 숙련된 명상가들은 잠들지 않고도 델타파를 생성하도록 뇌를 훈련하여 깊은 평화, 일체감, 평온함을 경험합니다.

안타깝게도 데이비드 노튼은 이렇게 결론지었습니다. "생리 전 증후군은 뇌파 활동이 지나치게 느린 장애 그룹에 속한다." 하지만 노튼은 매우 심오하고 중요한 것을 놓쳤습니다. 여성들은 이 시기에 깊은 명상을 경험한다는 사실을 말입니다.

여성은 한 달에 한 번씩 깊은 명상에 도달하여 원기를 회복할 수 있는 능력을 타고났습니다. 남성 명상가들이 도달하고 싶어 하는 명상의 단계가 저절로 이루어지는 것이죠. 여성은 모든 경험을 저장하고, 외부 세계의 현상을 인식하며, 모든 것과 일체감을 느끼게 하는 특정 뇌 부위의 활성화가 쉽게 이루어집니다.

"저는 창의적 단계에 초점을 맞추면 감정적이고 고독한 상태에 빠지는 것 같아요."

— 너태샤, 도서관 사서(영국)

생리 주기를 통해 깊은 수준의 명상에 빠지고 원기를 회복할 수 있다.

이러한 기회를 '장애'라고 설명하다니 납득하기 어렵네요. 하지만 이 논문은 생리 주기의 어느 단계에 있는지에 따라 여성의 뇌파 패턴과 그에 따른 사고방식이 달라진다는 연구 결과를 제시했다는 점에서 도움이 됩니다.

흥미롭게도 창의적 단계에서는 뇌 상태가 변화하면서 협응력이나 공간 인식 능력이 영향을 받습니다. 많은 여성이 창의적 단계에서 스스로 '어설프다'고 느끼지만 협응력과 민첩성은 절정에 달한다는 사실은 파악하지 못해요.

이러한 능력을 체험하는 방법 중 하나는 에너지가 넘치는 창의적 단계에 스포츠를 하는 겁니다. 물론 체력에 의존하여 이기려고 해서는 안 됩니다! 저는 창의적 단계에 있을 때 스포츠에서 남편을 유일하게 이겼어요. 그저 다음 순서를 생각지 않고 슛을 넣었을 뿐인데 번개 같은 반사 신경으로 '불가능한' 리턴을 해냈습니다. 하지만 안타깝게도 이렇게 협응력이 뛰어난 시간은 오래가지 않습니다. 선반에서 무언가를 집어 들다가 떨어뜨리면 승리의 행진이 끝났다고 볼 수 있죠.

마음속 강아지에게 말해봐!

창의적 단계에 괜히 '창의적'이라는 말이 붙은 게 아닙니다. 잠재의식에는 상상하고 추론하고 현실을 창조하는 강력한 능력이 있습니다. 이를 통해 아이디어의 진행 과정을 예측할 수 있고, 목표 달성이나 문제 해결에 필요한 방법들을 추론하고 창조할 수 있습니다.

아인슈타인은 잠자는 동안 꿈에서 연구하던 문제의 해답을 얻었다고 합니다. 이렇게 창의적 단계에서 나타나는 뇌 상태를 낮 동안 적극 활용한다면 모든 문제를 멋지게 해결할 수 있습니다. 이제 얼마나 놀랍고 강력한 능력인지 잘 알겠죠?

창의적 단계에서는 의식 밖에서 처리되는 정보에 쉽게 접근하게 됩니다. 즉 잠재의식에 저장된 정보에 더 쉽게 접근하여 창의성이 폭발하거나 인식 또는 자각이 갑작스레 변할 수 있어요. 잠재의식은 주인을 기쁘게 하기 위해 무엇이든 하려고 하는 활기찬 강아지에 비유할 수 있습니다. 강아지에게 공을 던져주면 강아지는 그 공을 쫓아가 다시 가져올 뿐만 아니라 다른 공을 발견하면 그 공도 함께 가져올 겁니다.

우리는 이 작은 강아지를 평상시에 긍정적으로 활용할 수 있습니다. 강아지에게 무엇을 가져와야 하는지 명령을 내리고 특정 방향으로 달려가게 할 수 있지요. 예를 들어 잠재의식에 진전시키고 싶은 일에 대한 생각을 심을 수 있습니다. 영감이나 통찰력이 필요한 프로젝트, 더 깊이 이해하고 싶은 개념이나 관계, 또는 단순히 좋은 아이디어 등이 있죠!

한 예로 저는 일러스트레이터로 일할 때 벽돌 위에 사는 곤충들을 그려 달라는 요청을 받은 적이 있습니다. 어린이용 자연사 책에 들어갈 그림이었죠. 평소 벽돌에 딱히 관심이 없어서 '마음속 강아지'에게 '벽돌을 가져다줘'라고 말했습니다. 그러자 가는 곳마다 벽돌의 색과 질감, 크기, 모르타르 종류, 그리고 벽돌에서 식물이 자라는 방식 등이 눈에 들어왔습니다. 마음속 강아지는 제가 요청한 정보를 정확히 가져다주었습니다. 그림을 그려서 출판사에 보낸 지 이틀 후에도 저는 여전히 벽돌을 찾고 있었어요. 마음속 강아지에게 그만하라고 말하는 것을 잊어버렸거든요.

마음속 강아지의 이러한 능력을 활용하면 인식과 이해 측면에서 크게 도약할 수 있을 뿐 아니라 다음과 같은 일들을 해낼 수 있습니다.

- 무의식 정보를 샅샅이 뒤질 수 있다.
- 체계화하기 어려웠던 것들의 연결 고리를 찾아낼 수 있다.
- 디테일 속 핵심 패턴을 발견할 수 있다.
- 주위에 늘 있었지만 지나친 관련 정보, 기회, 우연의 일치 등을 찾아낼 수 있다.

그렇다면 마음속 강아지를 어떻게 사용할 수 있을까요? 원하는 정보, 해결책, 상황 등에 주목하기만 하면 됩니다. 바로 떠오르지 않는다고 걱정할 필요 없어요. 공상하듯이 아이디어, 해결책, 시기적절한 기회를 받아들일 준비를 하면 됩니다. 답이 바로 오지 않을 수도 있어요. 강아지가 물건을 찾는 데 시간이 걸릴 테니까요.

언제 어디서라도 정답, 해결책, 프로젝트에 관한 새로운 시각이 떠오를 수 있기 때문에 노트와 펜을 가지고 다니며 메모하는 것이 좋습니다. 강아지가 우리 발 앞에 무언가를 떨어뜨리고 나면 실제로 기록할 시간이 많지 않거든요. 특히 창의적 단계가 끝나갈 무렵이면 강아지가 곧바로 다른 것을 찾으러 갈 수 있어서 아이디어나 이를 효과적으로 전달할 단어 또는 이미지를 금방 잃어버릴 수 있습니다.

안타깝게도 대부분의 직장은 여성에게 혼자만의 시간을 많이 주지 않습니다. 조용히 창의적 사고를 할 시간이 부족하기 때문에 창의적 단계를 업무에 활용하기 어렵죠. 그럼에도 점심 산책 시간을 활용하거나 화장실에서 5분 더 시간을 내는 식으로 잠재의식에 씨앗을 뿌려야 합니다. 다시 말해 마음속 강아지를 풀어놓아야 해요.

창의적 단계를 통해 현실을 창조하는 법

창의적 단계의 향상된 능력을 한 단계 더 발전시키면 목표 달성에 적극적으로 활용할 수 있습니다. 헨리에트 앤 클라우저Henriette Anne Klauser는 『종이 위의 기적, 쓰면 이루어진다』라는 책에서 우리의 욕망을 글로 적으면 뇌의 정보 처리 부위가 활성화되어 주변의 기회를 인식하기 시작한다고 말합니다. 또한 상상력을 발휘하여 목표를 시각화하고 간단히 적어놓는 것만으로도 목표 달성의 원동력을 얻을 수 있다고 해요. 창의적 단계에 아주 적합한 일이죠!

그리고 인생을 바꾸는 방법으로 많이 언급되는 것 중 하나가 긍정적인 확언입니다. 긍정적인 확언은 긍정적인 말을 반복하여 생각을 바꾸는 자기계발 방식으로 알려져 있어요.

그렇다면 창의적 단계를 활용해 마음속 강아지에게 긍정적인 생각의 근거를 모아 오라고 내보낼 수 있을까요? 아쉽게도 가능하지 않습니다. 창의적 단계에서 '나는 성공했다. 하고 있는 일로 성공할 수 있다' 같은 생각을 하고 나서 마음속 강아지를 내보내면 '농담하지 마!'라는 반응이 돌아올 것입니다.

즉 마음속 강아지는 긍정적인 생각이나 기억으로 내 생각을 뒷받침하는 대신, 그 말이 사실이 될 수 없는 50가지 이유를 가져다줄 겁니다. 잠재의식 속 기억 가운데 긍정적인 생각과 반대되거나 우리가 변화하기 전에 받아들여야 할 생각들을 가져오는 것이죠.

이것이 일부 자기계발 방식이 남성에게는 한 달 내내 효과적이지만 여성에게는 별 효과가 없는 이유입니다. 긍정적인 확언은 생리 주기 단계를 이해하지 못하면 오히려 부정적인 결과를 초래할 수 있어요. 따라서 여성이라면 긍정적인 확언은 역동적 단계나 표현적 단계에서 사용해야 훨씬 더 효과적입니다.

자기계발 방식에 따라 생리 주기는 변수가 될 수 있으니
한 달 내내 한 가지 방법만 사용하지 말고 각 단계에 맞게 적용하자.

창의적 단계와 나에 대한 이해

창의적 단계라도 늘 원하는 대로 잠재의식이 나타나지는 않습니다. 잠재의식은 일상적인 사고에 영향을 미치며, 특히 창의적 단계에서는 생각, 감정, 행동, 그리고 성공과 업무 수행 능력을 좌우할 수 있습니다. 다른 기간에는 받아들일 수 있었던 상황이 창의적 단계에서는 종종 견디기 힘들어 폭발할 수 있죠. 이런 경우에는 잠재의식이 내면에 해결해야 할 문제가 있다고 알려주는 커다란 네온사인이라고 할 수 있습니다.

창의적 단계에서 떠오르는 생각은 대부분 나에 관한 것입니다. 따라서 이 단계에서는 직장이나 가정의 문제를 해결하려고 상대방과 마주 앉아 싸울 게 아니라, 홀로 차분히 앉아 내면에서 원인을 들여다봐야 합니다. 창의적 단계에서 우리는 스스로에게 가장 진실해지며 내면의 두려움과 욕망을 들여다보고 무엇이 힘든지 인정하고 치유할 수 있습니다. 또한 무엇 때문에 불안한지 파악하고, 앞으로 올 역동적 단계에서 조치를 취할 수 있어요.

또한 창의적 단계에서는 매우 감정적인 상태가 되는데, 이는 잠재의식 깊숙이 묻혀 있던 억눌린 마음, 기억, 거부된 자아에서 비롯됩니다. 이를 겪어봐야만 나쁜 감정들을 흘려보내고 스스로 치유하고 성장할 수 있습니다. 창의적 단계일 때는 잠재의식이 의식과 밀접해지며 극적이고 감정적인 시나리오를 만들어내고, 내면의 문제를 일상으로 끌어냅니다. 눈덩이를 떠올려보면 창의적 단계에서 생각과 감정이 어떻게 커지는지 쉽게 이해할 수 있습니다. 산꼭대기에서 눈덩이를 만들어 발밑에 놓았다고 상상해보세요. 여기서 눈덩이는 처음에 가진 생각입니다.

만약 직장에서 '상사가 또 나를 승진에서 누락시켰어!'라고 생각했다고 해보죠. 이 생각과 함께 우리는 발로 눈덩이를 살짝 밀어서 조금씩 굴러가게 합니다. '상사는 나를 싫어해! 내가 하는 일에 좋게 말한 적이 없어!'라는 그다음 생각과 함께 눈덩이는 더 많은 눈과 에너지를 모으더니 산비탈을 따라 속도를 내며 굴러 내려가기 시작합니다. 급기야 제어할 수 없는 지경이 되고 말지요.

우리는 계속해서 '나는 실패했어. 승진도 안 되고 일자리도 몇 번 거절당했잖아. 원하는 건 하나도 얻지 못했어'라고 생각하며 직장, 가정, 어린 시절에서 이를 뒷받침하는 기억들을 나열하기 시작합니다. 더욱 거대해진 눈덩이는 빠르게 움직이면서 눈, 바위, 나무, 그리고 무고한 스키어까지 끌어모으고 있죠. 멈추지 못한 채 '나는 완전히 쓸모없어. 절대 성공하지 못할 거야'라는 마지막 생각은 눈사태를 일으켜 결국 계곡 아랫마을을 덮쳐버립니다.

이런 생각들은 모두 창의적인 추정입니다. 즉 현실이 아니라 메시지이지만 우리는 자기가 만들어낸 생각에 감정적으로 빠져들어 실제 있는 것처럼 행동하죠. 예로 든 상황은 분노의 감정과 '상사와 한판 붙어 보겠다'는 의도에서 만들어졌을 거예요. 과거 사건에 대한 감정, 오래된 패턴, 기억이 이성과 대인 관계를 압도한 것이죠.

창의적 단계는 안정감, 행복감, 성취감을 느끼는 데 있어 중요한 단계입니다. 따라서 이 단계를 진지하게 받아들여야 해요. 감정의 눈사태를 긍정적으로 다루는 두 가지 방법이 있습니다. 하나는 단순히 생각에 불과하다는 것을 깨닫고 '눈덩이를 차지 마!' 하고 외치며 마을을 구하는 것이고, 또 하나는 용기를 내어 내면 속 깊은 감정의 문턱을 넘어보는 것입니다. 둘 중 무엇을 선택하더라도 깨달음을 얻고 행동할 필요가 있음을 스스로 되뇌어야 합니다. 이러한 감정은 본디 내면 깊은 곳에서 비롯되었으니까요.

감정의 눈사태에 대한 '눈덩이를 차지 마!' 접근법

첫 번째 방법인 '눈덩이를 차지 마!'는 상황을 관리하는 방법입니다. 얼핏 쉬워 보이지만 창의적 단계에 있을 때 이 부분을 읽지 않으면 얼마나 어려운지 모를 거예요.

한발 물러서서 '그건 그냥 생각일 뿐이야. 나는 그 생각에 동의하지 않아'라고 말하기가 매우 어려울 수 있어요. 자기 생각이 늘 옳다고 느껴서이기도 하지만 특히 그런 생각은 너무 빨리 나타나서 그저 생각일 뿐임을 깨닫기도 전에 감정적으로 반응하게 되기 때문입니다. 눈사태를 일으키는 생각은 분홍색 펭귄을 상상하는 것보다 더 현실성이 없어요! (다들 지금 머릿속에 분홍색 펭귄을 떠올리고 있겠죠?)

창의적 단계에 접어들면 일, 목표, 인생 계획, 동료, 경력, 할 수 있는 일, 성과 등에 대한 생각이 잠재의식에 따라 눈덩이처럼 불어날 수 있습니다. 예를 들면 창의적 단계에서는 동료의 실수를 지적하지 않는 게 좋습니다. 잠재의식이 이를 이용해 현실을 드라마처럼 과장하여 관심을 끌 수 있기 때문입니다.

창의적 단계에서는 잠재의식 때문에 모든 생각이 드라마가 될 수 있다. 이 생각은 현실이 아니라 메시지다.

창의적 단계는 직장을 그만두거나 상사나 고객에게 불만을 제기하는 등 중요한 결정을 내릴 때가 아닙니다. 하지만 퇴사 욕구는 직장에서 인정받지 못한다고 느끼거나 창의성을 표현할 기회나 권한이 부족하다는 생각에서 비롯되었을 수 있습니다. 따라서 성찰적 단계에서 이를 검토해 볼 필요가 있어요. 그다음 필요에 따라 역동적 단계에서 논리적으로 생각해보며 적절한 행동을 취해야 합니다. 여전히 직장을 떠나고 싶을 수도 있지만 부족한 부분을 채울 다른 방법을 찾아낼 수도 있습니다.

창의적 단계에서는 잠재의식을 통해 행복감과 성취감을 얻을 기회를 찾을 수 있다.

감정의 문턱을 넘는 방법

눈덩이에 대처하는 두 번째 방법은 모든 일이 일어나도록 내버려두고 외적인 행동은 취하지 않는 것입니다. 생각과 기억 뒤에 억눌려 있던 격렬한 감정을 모두 경험하려면 용기가 필요해요. 마음이 아플 수도 있고,

울음이 터질 수도 있고, 외면하고 싶을 수도 있으니까요.

감정의 눈사태를 경험하려면 주변 사람들(스키를 타는 사람들과 마을 주민들)에게 해를 끼치지 않으면서 이러한 감정을 겪으며 시간을 보낼 수 있는 '안전한' 장소가 필요합니다.

이에 대한 참고 도서로 먼저 헤일 도스킨Hale Dwoskin의 『세도나 메서드』에서는 부정적인 생각을 적절히 흘려보내는 방법을 알려줍니다. 또한 빌 해리스Bill Harris는 『마음의 문턱Thresholds of the Mind』이라는 책에서 인간의 마음에는 일정 수준을 넘어서면 압도당하는 문턱이 있다고 말합니다. 그래서 사람들은 그 문턱을 넘지 않기 위해 음식이나 술로 위안을 삼거나 다른 방법으로 스트레스를 푼다는 겁니다. 더 나아가 빌 해리스는 우리가 스스로 압도되는 경험을 허용할 경우, 우리의 마음이 기존의 패턴을 유지할 수 없게 되어 새로운 패턴과 행동을 만들어낸다고 말합니다.

창의적 단계는 마음의 문턱을 넘어서 자기 성장의 다음 단계로 도약할 수 있게 유도합니다. 하지만 창의적 단계를 이렇게 보내려면 용기와 의지를 가져야 하고 누군가의 도움도 필요합니다. 가볍게 시도할 만한 방법은 아니니 상담을 받을 계획이라면 상담가와 먼저 상의하는 것을 추천합니다.

창의적 단계는 잠재의식을 활용해 스스로 성장하기에 가장 좋은 기간입니다. 다음 단계로 가져가고 싶지 않은 감정적 습관, 기억, 태도를 알아차리고 지워버릴 수 있습니다. 창의적 단계가 다음 달의 '자아'를 바꿀 힘을 주는데, 굳이 이번 달의 감정적 짐을 다음 달까지 가지고 갈 이유가 있을까요? 감정적 짐 아래에 숨겨져 있던 진짜 나를 만나보세요!

> "이제 생리 전과 생리 중의 무거운 에너지와 싸우는 대신 잘 받아들이고 있어요. 그리고 한 달 내내 체력과 열정이 넘치지 않는다는 사실에 불쾌하지 않습니다. 주기적인 본성을 사랑하고 인정해요. 이를 알게 해준 미란다에게 고맙습니다."
>
> — 자흐라 하지, 요가 수행자(캐나다)

창의적 단계 가이드라인

창의적 단계에서는 향상된 능력을 잘 활용하되 어려운 일에 제대로 대처할 수 있어야 합니다. 다음은 창의적 단계를 보내는 데 도움이 될 만한 것들을 정리해둔 내용입니다. 창의적 단계에 있을 때 여기를 읽어두면 아이디어가 더 많이 떠오를 거예요. 이 장의 마지막에는 그 아이디어를 적어둘 수 있는 빈칸을 마련해놓았습니다.

창의적 단계에서 나타나는 능력

- 과감한 결정(영감을 얻고 마음이 꽂히는 일에 집중할 수 있는 능력)
- 마음속 열정에서 우러나오는 창의적인 글쓰기와 소통
- 열정이 주도하는 디자인, 시각적 창작 및 상상력
- 삶에 대한 열정으로 음악 만들기
- 목표 설정과 무모한 욕망 표현하기
- 주변의 숨겨진 기회 인식하기
- 특정 정보에서 아이디어를 얻고 브레인스토밍하기
- 창의적인 사고와 실행
- 비약적으로 향상하는 이해력

- 복잡한 이론을 직관적으로 이해하는 능력
- 추상적인 아이디어를 구체화하는 능력
- 실행 불가능하거나 시대에 뒤떨어진 것을 식별하고 없애기
- 문제와 비효율성을 파악하는 능력
- 정리를 통해 공간과 질서 만들기
- 감정적 습관과 태도를 정리하여 새로운 질서 만들기
- 원하는 효과를 얻기 위해 무엇이 '옳다고 느껴지는지' 파악하기

창의적 단계에서 잘 작동하지 않는 것

- 논리적 사고나 체계적인 분석
- 팀워크 및 사람들과 함께 문제 해결하기
- 공감
- 새로운 프로젝트, 생활 방식 또는 식이요법 시작하기
- 구조화된 학습, 사고 또는 계획
- 나 자신이나 인생에 대한 긍정적인 확언
- 나 자신이나 관계를 고치려는 노력

창의적 단계에서 주의해야 할 점

- 들쭉날쭉한 기분
- 짜증이 나고 조급해지며 눈물이 멈추지 않는 등 예민해지는 감정
- 비판에 과민 반응하는 것
- 정보, 업무, 상황, 사람에 대한 객관적인 판단의 어려움

- 내가 옳다고 인정받고 싶은 욕구
- 이유 없이 시나리오를 추정하고 '만들어내는' 경향
- 드라마 주인공처럼 행동하는 것
- 과도한 자기비판
- 뿌리 깊은 두려움으로 공격성과 불안감을 드러내는 것
- 기억력 저하
- 체력이 넘치는 시기와 무기력한 시기가 번갈아 나타나는 것
- 혈당이 떨어지는 순간
- 외모를 바꿀 가능성이 커짐
- 남들이 나를 알아줄 거라는 기대
- 인내심과 관용이 부족해져서 모든 일이 즉시 해결되길 바라는 것

창의적 단계를 위한 전략

신체적 전략

- 이 단계가 끝나갈 무렵에는 낮잠을 자거나 휴식을 취하라. 사회 활동은 역동적 단계나 표현적 단계에서 하면 된다.
- 카페인은 꼭 필요할 때만 추가로 섭취하라. 창의적 단계에서는 몸이 자연스레 속도를 늦추므로 이를 존중해야 한다.
- 건강에 좋은 간식을 섭취하여 당 수치를 안정적으로 유지하라.
- 운동을 통해 좌절감과 스트레스를 해소하되 운동 목표는 잠시 내려놓아라.
- 체력이 넘칠 때 향상된 협응력으로 스포츠에서 승리해보라.
- 지금은 식습관을 조절하기 어려운 시기다. 다음 단계인 성찰적 단계에서 자

연스레 음식 섭취량이 줄어들 것이니 걱정 마라.

감정적 전략

- 무엇을 느끼고, 인정하고, 놓아주어야 하는지 잠재의식에 물어보는 시간을 가져라.
- 묵은 감정과 생각을 정리할 수 있도록 '차분해지는' 시간을 가져라.
- 감정, 꿈, 욕망을 적어보라.
- 떠오르는 감정을 있는 그대로 인정하고 느껴보라. 감정을 억누르거나, 행동으로 옮기거나, 뒤따르는 생각들로 감정을 키우지 말고 최초의 생각에 머물러라(눈덩이를 걷어차지 마라).
- 이 단계를 정서적으로 긍정적인 성장과 변화의 단계로 활용하라.
- 단순히 재미있는 일을 해서 기분을 개선하라.
- 감정과 생각을 현실이 아닌 잠재의식이 보내는 메시지로 받아들여라.
- 부정적인 생각, 특히 나에 대한 부정적인 생각을 믿지 마라.
- 역동적 단계가 될 때까지 중요한 결정을 피하라.
- 역동적 단계 또는 표현적 단계가 될 때까지 논쟁과 충돌을 피하라.
- 평소대로 일을 처리할 수 없더라도 곧 지나갈 테니 걱정하지 마라.
- 과거와 미래를 무시하고 '지금'에 머물러라.
- 남들이 나를 알아주지 않는다며 화내지 않도록 나에게 무엇이 필요한지 살펴보라.
- 부정적이거나 우울하고 욕구 불만인 사람을 피하라.

업무 전략

- 긍정적인 해결책과 번뜩이는 아이디어에 집중할 수 있는 시간을 즐겨라.
- 산책을 하거나 침대에서 5분만 더 시간을 보내며 마음속 강아지와 즐거운 시간을 보내라.
- 기억력이 나빠질 때를 대비해 마음속 강아지가 가져다주는 아이디어를 메모해두어라.
- 비난보다 비판적인 분석이 필요한 일에 집중하여 뛰어난 판단력을 선하게 사용하라.
- 유연한 태도로 일하되 체력과 정신력이 없을 때를 대비해 일을 미루어두지 마라.
- '해야 할 일' 목록을 냉철하게 따져서 해야 할 가치가 없거나 절대 해내지 못 할 일은 모두 지워라.
- 들썩이는 에너지를 업무 공간 정리 같은 생산적인 일에 집중시켜라. 주변에 버려야 할 것이 있는가?
- 열정과 에너지를 불러일으키는 생각만 믿어라.
- 경제적이고 효율적인 업무 방법에 생각을 집중하라.
- 최적의 기간에 부적합한 일을 해야 할 때는 (특히 업무를 객관적으로 대할 수 없을 때) 남들에게 도와달라고 하라.
- 내 능력에 맞는 업무에 집중하라. 역동적 단계에서 다른 업무들을 따라잡으면 된다.
- 개념을 배우고 이해하는 데 '관찰하며 배우기'처럼 다양한 방법을 사용하라.
- 현재 필요와 능력에 맞게 일해야 스트레스와 좌절감이 줄어들고 자신감과

자존감이 향상된다.

- 멀티태스킹은 적합하지 않으니 각 과제에 집중하려고 노력하라.
- 지나치게 직설적이고 인내심과 공감 능력이 부족할 수 있으니 인간관계에 주의하라.
- 원한이나 불만을 품고 무언가를 하려고 하지 마라. 자칫 잘못하면 일이 커질 수 있다.
- 사람들과 만나는 일은 역동적 단계나 표현적 단계까지 미루어라.
- 작업의 우선순위를 정하고 마감 스트레스를 피하면서 에너지를 최대한 집중시켜라.
- 주위에 내가 어떤 사람인지 알려주어 인간관계를 더 쉽게 유지하라. 이렇게 하면 일을 제대로 처리하면서 '변덕쟁이'라는 낙인을 얻지 않을 것이다!

목표 달성을 위한 행동

- 목표를 다시 살펴보고 무엇 때문에 목표 달성이 어려운지 알아보라.
- 별 소득 없는 프로젝트를 정리하고 삭제하라.
- 주요 목표를 바꾸지 말고 작은 변화를 시도하라.
- 다른 사람의 성과나 성공을 내 것과 비교하지 마라.
- 지금 감정을 바탕으로 미래 계획을 세우지 말고 왜 그런 기분이 드는지 살펴보라.
- 잠재의식에 해야 할 일에 대한 아이디어와 해결책의 씨앗을 뿌려라.
- 내가 누구이며 어떻게 살고 있는지 되짚어보라.

도전 과제

- 일과 삶 모든 면에서 욕심 내려놓기
- 통제 욕구를 일으키는 두려움을 흘려보내기
- 무엇이든, 특히 나 자신이나 파트너를 '고치려' 하지 않고 받아들이기
- 부족한 면을 편안하게 받아들이기
- 있는 그대로의 나를 사랑하기

창의적 단계에서 떠오른 아이디어 적어보기

5

성찰적 단계 솔루션

생리기 : 생리 시작 후 28/1~6일

5

어떤 여성은 창의적 단계에서 성찰적 단계로 쉽게 넘어가지만, 저를 비롯해 또 다른 여성들은 새벽 4시에 욕실에 웅크리고 앉아 진통제가 경련을 가라앉히기를 기다리며 고통을 겪습니다. 이렇게 생리가 시작되면서 겪는 신체적 변화는 어려울 수 있지만, 호르몬 변화와 함께 세상과 스스로를 새로운 시각으로 바라볼 수 있는 흥미로운 관점이 생기기도 합니다.

놀랍게도 이 시기에는 창의적 단계의 에너지가 깊은 해방감, 안정과 평화, 유대감으로 변화합니다. 성찰적 단계는 행동, 목표, 그리고 나 자신과의 관계를 바꾸는 가장 심오한 촉매제입니다. 또한 이 단계는 세상에서의 내 위치를 이해하고 경험의 수준을 높이는 데 도움이 돼요. 성찰적 단계를 적극적으로 사용하려면 속도를 늦춰야 합니다. 며칠 동안 세상의 속도를 따라잡을 수 없다는 걸 받아들이며 이 단계를 활용할 수 있는 공간을 마련해야 해요.

많은 여성은 신체 증상과 업무 압박으로 인해 이 시기를 한 달 중 곤란한 시기로 보낼 수 있습니다. 하지만 성찰적 단계는 잘만 활용하면 나 자신을 받아들이고 무언가를 바꿔나가는 데 도움이 됩니다.

> "생리 기간에 저는 내면에 깊이 빠져들어요. 이때 얻은 통찰력과 아이디어를 남은 한 달 동안 실행에 옮깁니다."
>
> — 디애나, 강연자·교육자 겸 트레이너(미국)

성찰적 단계란 무엇일까?

성찰적 단계는 생리 시작일에 시작됩니다. 사람에 따라 일주일 내내 지속될 수도 있고 며칠 만에 끝날 수도 있죠. 창의적 단계가 속도를 늦추는 시기라면 성찰적 단계는 멈추는 시기입니다. 다시 말해 다가올 역동적 단계에서 에너지를 쏟아내기 위해 휴식을 취하며 몸을 회복해야 할 때입니다.

우리는 자연스럽게 사회라는 세상에서 물러나 몸을 웅크릴 수 있는 안전한 장소가 필요해집니다. 그리고 책임, 요구, 과제는 나중으로 미루죠. 몸이 굼떠질 뿐 아니라 감정적·정신적으로도 느려지는 것입니다. 또한 잠재의식과 가장 강하게 연결되기 때문에 인식이 내면으로 향하고 직관적인 생각과 감정이 고조됩니다.

성찰적 단계는 아름다운 휴식의 순간을 선사하며 걱정과 고민을 내려놓을 수 있게 합니다. 걱정과 고민에 신경 쓸 여력이 없기 때문이죠. 깊은 고요는 꼭 필요한 매력적인 경험입니다. 이를 의지력과 카페인으로 이겨내려 하면 짜증, 좌절, 분노로 반응하게 되니 다가올 역동적 단계를 위해 휴식과 고요한 시간을 가지면서 몸과 마음을 회복해야 해요.

성찰적 단계에서는 스스로를 '살아있는' 명상처럼 느낄 수 있습니다. 많은 사람이 명상이라고 하면 몇 시간 동안 촛불을 응시하는 사람, 고난도 요가 자세로 균형을 잡는 여성, 또는 불상의 불가사의한 깊은 눈동자를 떠올리곤 합니다. 그리고 이러한 것들이 평소에 겪는 내면의 혼란과는 너무 동떨어져 있어 결코 그 경지에 도달할 수 없다고 생각하죠. 그러나 성찰적 단계에 있는 여성에게는 놀라운 선물이 있습니다. 우리가 명상 그 자체가 된다는 점입니다!

성찰적 단계에서는 몸과 마음을 깊은 수준으로 이완시킬 수 있습니다. 이를 받아들인다면 자아를 내려놓는 시간을 즐기면서 명상으로 스트레스를 해소하고 자기계발을 할 수 있죠.

또한 성찰적 단계는 일상생활과 목표를 검토하여 나에게 부합하는지 확인하기에 가장 좋은 기간입니다. 이 단계에서 이루어지는 검토는 분석적인 과정이 아니라, 우리의 감정과 직관에 중점을 둔 과정이에요. 아이디어, 프로젝트, 계획, 꿈을 점검해보면서 원하는 대로 변화를 받아들이고 적응할 수 있게 잠재의식을 유도할 수 있습니다. 또한 스스로를 나쁘게 보지 않고도 내면의 욕구를 더 잘 파악하고 인정할 수 있게 됩니다.

정리하자면 성찰적 단계는 감정적·정신적 밑바닥에 있는 진정한 자아와 연결되면서 이를 바탕으로 한 달간의 삶을 설계하는 단계입니다.

성찰적 단계가 업무에 주는 영향

우리는 자기 자신에게 부과하는 요구와 업무 환경에 대한 기대로 내면에 진실해지지 못합니다. 그래서 너무 힘든데도 커피와 굳은 결의로 버티려는 경우가 많죠. 하지만 며칠 동안 잠자지 않고 카페인으로 버틴다면 어떨까요? 분명 잠재력을 최대한 발휘하지 못할 겁니다. 또한 매달 그렇게 버티다 보면 필요한 휴식도 거부하게 되어 자연스러운 회복 능력뿐 아니라 직관을 통한 이해력과 창의력도 잃게 되지요.

> "성찰적 단계일 때는 저도 모르게 멍하니 있곤 해요. 대체로 삶에 만족하면서 침착해지죠. 또한 생리 중에는 식물을 더 돌본다거나 요리를 많이 하기도 합니다."
>
> — 야스민, 법률 사무원(영국)

스스로를 돌보고 성장시키고 회복하려는 본능적인 욕구는 알게 모르게 삶의 모든 측면에 영향을 미칩니다. 직장에서 일을 도저히 할 수 없다면 쉬어가야 합니다. 하지만 안타깝게도 이는 여성 직원에 대한 인식, 신뢰, 소득에 부정적인 영향을 끼치죠.

안드레아 이치노Andrea Ichino와 엔리코 모레티Enrico Moretti의 〈생물학적 성별 차이, 결근 및 소득 격차Biological Gender Differences, Absenteeism and the

Earning Gap〉라는 제목의 보고서NBER Working Paper 12369호, 2006년 7월는 다음과 같이 설명합니다.

"생리 주기가 여성의 결근을 증가시킨다는 증거가 있다. 생리 주기로 인한 결근은 남성과 여성의 결근율 격차의 상당 부분을 설명한다.

생리와 관련된 여성의 소득 손실을 계산한 결과 생리 주기로 인한 결근이 성별 소득 격차의 11.8%를 설명하는 것으로 나타났다."

이 보고서는 비즈니스 세계가 생산성보다는 출석률에 초점을 맞춰 직원의 가치를 입증하고 보상한다는 점을 강조합니다. 이러한 관점에서 성찰적 단계는 여성의 직장 생활에 해를 끼친다고 볼 수 있죠. 하지만 비즈니스 세계가 생산성에 더 중점을 두고 여성에게 매달 생리 시작일 즈음 3일의 유급 휴가를 제공하며 그 후에는 더 긴 근무 시간을 요구한다면 어떨까요?

이 아이디어에 반대하는 측은 효과가 없을 거라고 주장합니다. 생산성이 떨어지고 남성 근로자에게 불공평하다면서요. 그러나 활력을 되찾은 여성은 기업의 기대치를 훌쩍 뛰어넘을 정도로 생산성을 높이고, 창의성과 유연성이 필요한 시기에 영감과 통찰력을 제공할 수 있습니다.

이러한 생각은 여성이 남성과 동등하지 않다는 게 아니라 서로 다를 뿐이며, 남성 중심의 근무 환경이 여성의 재능과 능력을 발휘하는 데 제약이 될 수 있음을 의미합니다. 많은 회사에서 직원들이 늦은 시간까지 업무에 집중할 수 있도록 '흡연 시간'을 보장합니다. 이와 동일한 기준으로 여성에게 매달 '건강 휴식'을 제공하지 못할 이유는 없죠.

비즈니스 세계는 여성의 창의력과 영감을
최대한 활용할 수 있다!

성찰적 단계와 겨울잠

성찰적 단계는 겨울잠과 물러나기의 시기로 느껴질 수 있습니다. 생각하는 것부터 사람들과 교류하거나 단순히 걷고 움직이는 것까지 모두 힘을 더 줘야 할 것 같거든요. 따라서 이 시기에 우리의 동기와 열정은 자연스럽게 휴식을 취합니다. 그렇다고 해서 목표를 향해 나아가지 않는다는 뜻은 아닙니다. 열심히 노를 젓는 대신 잠시 물결에 몸을 맡긴다고 보면 됩니다.

이 단계에서 스스로를 더욱 채찍질하면 분노, 좌절, 스트레스를 유발할 수 있습니다. 따라서 이 단계를 무사히 넘기는 방향으로 타인의 요구에 대처할 줄 알아야 합니다. 몸과 마음의 피로는 심각한 문제를 일으킬 수 있으니 주기를 활용해 계획을 세우는 게 좋습니다. 이다음에 이어질 역동적 단계의 능력에 맞춰 해야 할 일들을 계획해두면 성찰적 단계에서 느린 속도로도 일을 처리할 수 있을 거예요.

성찰적 단계가 가져오는 가장 큰 영향은 혼자 있고 싶어 하면서 사람들과 있을 때 감정이 위축된다는 점입니다. 타인에 무신경해지고 그들의 아이디어, 프로젝트 또는 업무 전반에 흥미를 잃을 수도 있어요. 이럴 때는 물리적인 '나만의 공간'을 확보해 동료의 관심에서 벗어나도 좋습니다.

그러나 동료나 고객은 여러분의 위축된 감정을 거절, 긍정적인 검토 부족, 근무 태만 등 부정적으로 해석할 수 있습니다. 따라서 사람들에게 이런 인상을 주기보다는 지금은 시간을 내기 어렵지만 며칠 후에 시간과 노력을 들일 수 있다고 안심시켜야 해요. 사람들은 솔직하지 못한 행동을 매우 잘 알아차리므로 직원 평가, 영업 활동, 면접 또는 새로운 접촉 등 대인 중심 업무 일정을 뒤로 미루거나, 되도록 표현적 단계로 일정을 변경하는 것이 좋습니다.

또한 성찰적 단계에서는 동기와 열정이 부족해져 무엇이 필요한지 몰라 의견을 내지 못할 수 있습니다. 그래서 아무것도 중요해 보이지 않을 수도 있어요. 목표와 야망조차 말이지요.

불행히도 이렇게 의견을 제대로 전달하지 못하면 부적합한 프로젝트나 업무 결정에 개입될 수도 있습니다. 따라서 가능하다면 역동적 단계까지 회의를 미루고 의견을 자신 있게 내세울 수 있는 체력과 정신력을 회복할 때까지 기다리는 것이 좋습니다.

'뭐가 됐든' 접근법

성찰적 단계에서는 '뭐가 됐든' 태도를 보이는데, 이 덕분에 인생의 우선순위를 정하기 좋습니다. 즉 뭐가 됐든 딱히 우선순위를 두지 않는데도 정말 중요한 것이 있다면 무력감을 극복할 만한 가치가 있는 것이겠죠. 따라서 '반드시 해야 하는' 행동과 '해야 할' 행동을 매우 빠르게 파악할 수 있습니다.

성찰적 단계에서는 자연스레 다음과 같은 질문을 하게 됩니다. '출근하기가 왜 이렇게 귀찮지?' '보고서 작성하는 게 왜 이렇게 귀찮지?' '아이들을 행사에 데려가면 귀찮을 것 같은데?' '집 청소하기 귀찮아도 되나?' '뭐든 왜 이렇게 하기 귀찮지?' '귀찮은데 목표를 꼭 정해야 하나?'

에너지가 거의 없을 때는 모든 일이 힘을 마구 쏟아야 하는 것처럼 느껴지지요. 하지만 이는 부정적인 태도가 아니라 오히려 자기계발과 목표 달성에 유용한 도구가 됩니다. 자기 자신을 다양하게 들여다보고 현재의 행동과 생각 패턴을 계속 유지하는 게 정말 귀찮은지 확인해볼 수 있기 때문입니다. 또한 해야 하는 일이 얼마나 중요한지 고민해보게 됩니다. 소소한 일뿐만 아니라 큰일에 대해서도 말이죠!

성찰적 단계에서는 자연스럽게 내려놓고 멈추게 됩니다. 다른 단계에서는 기대와 욕망, 자아와 목표, 그리고 가치 입증이나 성공을 위해 움직이지만 성찰적 단계에서는 갑자기 이러한 것들을 내려놓게 되죠. 중요한 점은 두려움과 불안감도 내려놓게 된다는 것입니다. 내려놓는다는 건 결과에 대한 걱정과 기대, 욕구, 두려움, 타인의 생각에 휘둘리는 것을 포기하는 것과 같습니다. 그 대신 지금 이 순간을 받아들이게 됩니다.

피로가 미치는 영향을 예로 들어보자면, 예전에 저는 요르단으로 비행기를 타고 날아가서 버스를 타고 사막을 가로질러 호텔까지 장시간 이동한 적이 있습니다. 새벽 2시에 호텔에 도착했을 때 완전히 지쳐 있었죠. 호텔이 보수 공사 중이라 내부는 공사판이었지만 침대에 누워 자고 싶다는 생각밖에 나지 않더군요. 호텔 내부가 왜 이리 엉망이고 내 짐은 어디에 있는지 전혀 신경 쓰지 않았습니다. 그저 문을 잠그고 어딘가에 누울 수 있기만을 바랐습니다. 이처럼 피로는 그 순간에 필요한 것들만 남기고 평소의 욕구, 필요, 기대, 동기를 모두 없애버립니다.

성찰적 단계는 이 경험과 비슷할 수 있습니다. 미래에 대처할 여력이 없다면 훗날 어떤 일이 일어나든 간에 집착하지 않게 됩니다. 행복해지기 위해 필요한 많은 것도 사라지죠.

그러면 여기서 다음과 같은 의문이 들 겁니다. '생리 기간에 관심을 멈출 수 있는 것이라면 생리 후에 다시 관심을 줄 만큼 여전히 중요할까? 그냥 놓아버려도 되지 않을까?'

몸에 익어서 다시 집중하게 되는 것들도 있겠지만 성찰적 단계를 활용하여 무엇을 버릴지 말지 결정하면 다음 한 달 동안 의욕이 나고 나 자신도 바꿀 수 있습니다. 새로운 여성으로 새로운 달을 맞이하는 거죠!

성찰적 단계는 현대 사회의 행동 양식과 너무 달라서, 실제로 이 단계가 우리에게 얼마나 중요한지 설명하기가 꽤 어렵습니다. 하지만 성찰적 단계를 스스로를 검토하는 도구로 적극 활용한다면 한 달 동안 자기계발, 행복, 자신감, 태도에 매우 긍정적인 영향을 얻을 수 있을 거예요.

고치지 않음으로써 받아들인다

성찰적 단계의 '뭐가 됐든' 태도는 나 자신에도 적용됩니다. 그래서 이 단계는 자기수용을 위한 최적의 기간이죠. 스스로를 '고치는 데' 필요한 여력이 거의 없기 때문에 결국 자기 자신을 단점까지 있는 그대로 받아들이게 됩니다.

성찰적 단계에서는 고치지 않음으로써
나 자신을 받아들이게 된다!

자기수용은 스스로를 사랑하는 가장 빠른 지름길이지만 성찰적 단계에서 정신적으로 굴복하거나 의지력과 각성제로 극복하려고 하지 않을 때만 가능합니다. 나 자신을 내려놓고 쉬고 싶은 욕구에 굴복하면 마음이 평안해지고 세상과 깊은 유대감을 느낄 수 있어요. 매달 이런 식으로 하다 보면 한 달 내내 내면과 더 쉽게 연결되어 생각, 감정, 사건들로부터 거리를 둘 수 있습니다.

성찰적 단계는 여성만의 방식으로 살아가는 기회를 줍니다. 삶을 수준 높게 파악할수록 일상의 스트레스와 압박감, 긴장을 풀고 유연하며 잘 적응하는 사람이 될 수 있어요. 스트레스를 많이 받았거나 창의적 단계에서 특히 혼란스러웠다면 성찰적 단계에 들어서고 나서도 적응하는 데 며칠이 걸립니다. 그 후에 자기 자신과의 투쟁을 멈추고 '뭐가 됐든' 태도에 굴복하게 되죠.

성찰적 단계에서 '멈추는 시간'을 보내지 않으면 역동적 단계에서 에너지와 능력을 발전시키는 데 더 오래 걸릴 수 있습니다. 또는 한 달 내내 힘이 달리거나 몸이 마음을 따라주지 못할 겁니다. 이 '멈추는 시간'은 단순히 잠을 더 자거나 텔레비전을 보며 쉬는 것만으로는 충분하지 않으며 적극적인 성찰이 필요합니다.

성찰적 단계에서 성찰하면 좋은 점

성찰적 단계는 내면을 돌아보고 성찰하기에 가장 좋은 기간입니다. 즉 지난달의 생각, 감정, 사건들에 대해 깊이 생각하고 현재 진행 중인 일을 검토하며 변화를 다짐하기에 좋지요.

성찰적 단계에서는 내면을 알아가고 느끼는 데 더욱 집중하게 됩니다. 다시 말해 변화의 필요성을 실감하고 올바른 유형의 변화가 무엇인지 알아가게 돼요. 그러나 디테일, 해결책, 실행 방법 및 일정 계획은 에너지가 넘치는 역동적 단계에 하면 좋습니다. 성찰적 단계에서는 몸의 시간표에 따라 성찰이 진행되기 때문이죠. 이 단계의 '뭐가 됐든' 태도는 때로는 며칠, 때로는 일주일 동안 지속되기도 합니다.

성찰적 단계에서는 다음과 같은 질문을 스스로에게 던져봐야 합니다. '이전과 다르게 처리해야 할 일이 있나?' '무엇을 어떻게 바꿔야 할까?' '그렇게 바꾸면 어떤 결과가 나오고 어떤 기분이 들까?' '변화를 위해 딱히 노력하는 게 없다면 어떻게 해야 올바른 변화가 일어날까?'

이 단계에서는 공상에 잠긴 채 머릿속으로 이런저런 시나리오를 쓰며 어떤 기분이 들지 상상하게 됩니다. 장기 목표, 단기 변화, 업무 해결책,

프로젝트에 새로운 아이디어가 떠오를 수도 있죠. 백일몽을 생생하게 꿀수록 감정이 더욱 풍부해지고 잠재의식 속 상상은 더욱 또렷해집니다. 이로써 깊은 수준의 변화를 실현할 수 있어요.

창의적 단계와 마찬가지로 잠재의식은 톡톡 튀는 아이디어와 뛰어난 통찰력으로 반응할 것입니다. 그러면 업무뿐만 아니라 성품이나 사회 활동에도 깊고 오래 지속되는 긍정적인 변화를 불러올 거예요.

성찰적 단계에서 성찰을 잘 마치면 역동적 단계로 쉽게 나아갈 수 있습니다. 즉 프로젝트의 문제를 이미 알고 있고(창의적 단계), 머릿속으로 시나리오를 써보며 정서적으로 몰두한 결과(성찰적 단계), 변화를 실행에 옮길 에너지를 갖게 되는 것(역동적 단계)입니다. 역동적 단계에서 갑자기 샘솟는 열정은 며칠 동안 겨울잠을 자던 여러분의 모습에 익숙해진 동료들에게 다소 충격적일 수 있습니다. 따라서 일주일 후에 프로젝트를 갈아엎을 거라고 예고해두면 도움이 될 거예요.

이외에 성찰적 단계를 통해 내면 깊숙이 자리한 태도를 바꿀 수도 있습니다. 즉 창의적 단계에서 감정들을 겪고 흘려보냈다면 성찰적 단계에서는 이러한 감정 뒤에 있는 메시지를 알아차리고 새로운 사고 패턴과 신념으로 발전시킬 수 있어요.

우리는 지난달에 있었던 사건에서 벗어나 새로운 마음으로 역동적 단계를 시작할 수 있습니다. 과거를 끌고 갈 필요 없이 성찰적 단계에서 무엇을 가져가고 버릴지 선택할 수 있죠.

예를 들어 지난달에 동료가 나를 너무 힘들게 했다면 그 분노를 다음 달까지 가지고 가서 비효율적인 업무 관계를 만들 필요가 있을까요? 성찰적 단계에서 자아와 접촉하면 분노와 그 밑에 깔린 생각을 흘려보낼 수 있습니다. 그리고 자기 자신을 받아들이면서 세상 속에서 나의 위치를 확인할 수 있어요. 그 동료와 다시 일해야 할 때 복수나 인정받으려는 욕구 없이 자기 주도적이고 강인한 관점에서 관계를 맺을 수 있을 거예요.

정리하자면 창의적 단계에서 잠재의식이 보내는 메시지를 받아들이지 못하면, 이에 수반되는 스트레스와 긴장이 성찰적 단계로 흘러 들어가 역동적 단계 전에 이 문제와 직면할 수밖에 없습니다. 그래서 내면의 욕구와 필요를 따르지 않을 때 내려놓고 굴복하기가 힘들 수 있어요. 때로는 그 싸움이 너무 오랫동안 이어져 매달 반복되기 때문에 긴장, 스트레스, 싸우는 습관을 버리기 어려울 겁니다. 이럴 때는 세상에서 한발 물러나 침대에 누워서 '그래, 무슨 일이야?'라고 말할 용기가 필요합니다.

성찰적 단계는 매달 스스로를 재창조할 기회를 줍니다. 한발 물러나 내면을 들여다보고 감정을 내면 깊은 곳에서 온 메시지로 활용한다면 성찰적 단계는 한 달 중 가장 아름답고 변화를 이끌어가는 기간이 될 것입니다.

성찰적 단계 가이드라인

성찰적 단계가 겨울잠을 자고 내면으로 들어가는 기간이라면 일상에 어떤 도움을 준다는 걸까요? 또한 이 단계가 여성 직장인에게 힘든 시기라면 무엇에 주의하고 어떤 전략을 취해야 할까요?

성찰적 단계에서 나타나는 능력

- 용서하고 잊는 능력과 과거를 뒤로할 수 있는 능력
- 이전 단계(창의적 단계)에 비해 체력과 정신력이 회복되기 시작함
- 변화를 만들고 거기에 온전히 몰두하기
- 올바른 방향이나 행동을 직관적으로 인식하고 넓은 시야에서 파악하기
- 프로젝트, 업무 또는 타인에게 필요한 것을 직관적으로 이해하는 능력
- 잠재의식 속 아이디어와 정보 끌어내기
- 일상적인 관심사를 넘어 세상과 깊은 유대감을 갖기
- 감정과 직관을 통해 삶을 전반적으로 검토하는 능력
- 다양한 미래, 해결책, 목표를 긍정적으로 상상하고 몰두하기
- 자연스러운 명상 상태
- 깊은 자아 성찰과 내면의 평화 즐기기

- 모든 것을 있는 그대로 받아들이고 흐름을 따라가기
- 생활에 꼭 필요한 것 외에는 아무것도 신경 쓰지 않기
- 머릿속이 아니라 '지금 여기'에 존재하며 현재 가진 것에 만족하기
- 단순한 즐거움을 사랑하기
- 온화한 마음으로 스스로를 사랑하고 받아들이기
- 불쑥 떠오르는 개념과 해결책, 그리고 톡톡 튀는 상상력

성찰적 단계에서 잘 작동하지 않는 것

- 집중력과 역동성에 대한 기대
- 사람들과 잘 교류하고 일하는 것
- 장시간 근무나 새로운 프로젝트 개시
- 상세하고 구조화된 업무
- 학습, 논리적 사고 또는 계획력
- 열정을 통한 동기 부여
- 수면 시간 줄이기
- 여행, 운동 같은 신체 활동

성찰적 단계에서 주의해야 할 점

- 단절감을 느끼고 사회 활동에 흥미가 떨어지며 위축된다. 이로 인해 타인에 영향을 줄 수 있다.
- 몸과 마음이 지쳐서 내 입장을 고수하지 못한다.
- 동기와 열정이 부족하다.

- 타인이 내 마음을 알아주기를 바라며 보살핌을 받고 싶어진다.
- 마음속에서 한 다짐이 인생을 바꾼다.
- 위축되는 기분을 지나치게 무시하면 스트레스를 유발할 수 있다.
- 이전 단계(창의적 단계)에 비해 먹는 양이 자연스럽게 줄어든다.
- 이 단계의 능력에 비해 비현실적인 목표를 세울 수 있다.
- 이전 역동적 단계에서 이 단계를 대비하지 않았다면 주의가 필요하다.
- 타인의 요구와 기대가 버거워진다.
- 중요한 것조차 모두 내려놓고 싶은 충동을 느낀다.

성찰적 단계를 위한 전략

신체적 전략

- 며칠 동안 운동을 쉬어라.
- 낮잠을 자라.
- 일과를 변경해 조용히 보낼 수 있는 시간이나 수면 시간을 늘려라.
- 가능하다면 침대에서 하루를 보내라.
- 명상을 하거나 가능하다면 자연 속에서 조용히 휴식을 취하라.
- 카페인은 꼭 필요할 때만 추가로 섭취하라.
- 속도를 늦춰서 천천히 걷고 활동량을 줄여라.
- 간단하고 건강한 음식을 섭취하라.

감정적 전략

- 한발 물러나는 태도로 타인의 감정적인 요구에서 벗어나라.

- 중요한 결정을 피하라. 너무 피곤한 시기라 자칫하면 타인에게 이용당할 수 있다.
- 역동적 단계가 오면 부족했던 의욕과 열정이 되살아나니 걱정하지 마라.
- 창의적 단계에서 화났던 일들을 떠올려보고 잠재의식에 해결책을 알려달라고 하라.
- 남들만큼 최선을 다하지 않는다고 자책하지 마라. 역동적 단계에서 따라잡을 수 있다.
- '황홀한' 기분이 든다면 즐겨라. 누군가는 이런 기분을 느끼려고 많은 돈을 쓴다!
- 자연과 교감하라. 이 단계에서는 자연과 친밀감을 잘 느낄 수 있다.
- 어려운 결정이나 상황을 어떻게 해결할지 다양한 시나리오를 상상해보라. 이로써 이어지는 한 달 동안 준비를 갖춘 듯한, 긍정적인 힘을 가질 수 있다.
- 내면 깊은 곳에서 나온 '변할 수 있다'는 판단을 신뢰하라. 이로써 무언가에 몰두할 수 있을 것이다.
- 주위 사람들이 내 마음을 알아주길 바라지 말고 자신을 어떻게 대하면 좋은지 알려주어라.
- 업무 외에 자신을 보살피는 일을 하라. 예를 들어 아로마 오일, 캔들, 음악, 초콜릿과 함께 이른 저녁 목욕을 즐겨보자!

업무 전략

- 업무를 어떤 감정으로 대하는지 되돌아보는 시간을 가져라.
- 주어진 일에 억지로 답을 찾으려 하지 말고 감정에 유의하며 멍하니 상상해

보라.

- 직관을 신뢰하라.
- 아이디어, 변경 사항, 계획 수정, 해결책 등에 관한 고민을 잠재의식에 툭 던져보라.
- 속도를 늦춰서 딱 필요한 것만 하라. 역동적 단계에서 따라잡을 수 있다.
- 일할 여력이 언제 생길지 파악하고 이를 정신력이 필요한 작업에 사용하라.
- 앞으로 며칠 동안 동료와 고객에게 집중력과 열정이 부족할 뿐 일을 대수롭게 생각하지 않는다는 사실을 확실히 알려라.
- 적극적으로 참여할 가능성이 낮은 만큼 고객 대면이나 업무 회의를 되도록 피하라.
- 업무를 확인할 여력이 없을 테니 가능하다면 신뢰할 수 있는 사람에게 업무를 위임하라.
- 모든 것을 단순하게 유지하며 너무 많은 일을 동시에 맡지 마라.
- 스트레스를 유발할 수 있으니 무리하게 일을 처리하지 마라.
- 새로운 기술이나 정보 학습, 그리고 의욕이 필요한 프로젝트는 역동적 단계로 미루어라.
- 시간이나 우선순위를 조정하지 않는 한 멀티태스킹은 꿈도 꾸지 마라. 가능하다 하더라도 제대로 진행하지 못할 수 있다.

목표 달성을 위한 행동

- 휴식을 즐기고 가만히 있어 보라. 특히 성찰적 단계 초반에는 어떤 것도 계획하지 마라.

- 지난달(또는 이전 몇 달간) 무엇을 잃었는지 되돌아보고 그것을 되찾으면 성취감을 느낄지 생각해보라.
- 이전 창의적 단계에서 느낀 혼란스러운 감정을 다음 달의 적극적인 변화를 위한 가이드로 활용하라.
- 신중한 태도로 무엇에 몰두할지 정하라.
- 목표가 잘못된 것 같다면 이 단계에서 변경하라.
- 운동 계획이 무너질 수 있으나 이는 체력 회복을 위해 휴식해야 할 시기이기 때문이다. 자책하지 말고 몸을 관리하며 역동적 단계에서 새롭게 시작하라.
- 주요 목표를 달성하면 어떤 기분이 들지 상상해보라.
- 잠재의식과 대화를 나눈다고 상상하며 아이디어, 프로젝트, 목표를 머릿속에서 시험해보라.
- 무언가에 긴장감이나 거부감이 든다면 그 이유와 답을 고민해보라.
- 성찰적 단계 후반에는 다음 한 달 동안의 목표와 행동에 대해 생각해보라.

도전 과제

- 성찰적 단계 받아들이기
- 쉬어가기
- 과정을 즐기기
- '멈추는 시간'을 위한 계획 세우기

성찰적 단계에서 떠오른 아이디어 적어보기

6

역동적 단계 솔루션

배란 전 : 생리 시작 후 7~13일

6

역동적 단계는 가장 많은 일을 해낼 수 있는 단계라서 '역동적'이라고 이름 붙였습니다! 생리 주기 중 가장 힘이 넘치고 생산적이며 보람을 느낄 수 있는 단계죠. 성찰적 단계에서 쉬어가면 역동적 단계에서 새로운 에너지와 향상된 능력을 얻고 활기차게 행동할 수 있습니다.

많은 여성이 역동적 단계가 오래 지속되지 않는 것을 아쉬워합니다. 역동적 단계는 미래의 성공과 목표 달성에 가장 큰 영향을 미치는 단계거든요. 역동적 단계에서는 자신감과 독립심이 강해지고 체력이 늘며 정신이 또렷해져서 실천력을 얻게 됩니다. 따라서 이 단계에서는 인생을 바꿀 획기적인 모험을 위해 발걸음을 내디뎌야 합니다.

역동적 단계란 무엇일까?

역동적 단계는 새로운 한 달을 시작하는 단계로, 겨울잠에서 깨어나 활력을 되찾고 세상으로 나가 일할 준비를 하는 단계입니다. 역동적 단계가 찾아오면 정말 신나죠. 에너지, 열정, 자신감이 높아지고 지난달에 미뤄둔 작업을 따라잡으며 다음 달을 위해 재정비할 수 있기 때문입니다.

역동적 단계에서는 예리한 기억력, 명료하고 논리적인 사고력, 강해진 집중력으로 크고 작은 부분 모두에 주의를 기울일 수 있습니다. 따라서 일을 완수하고, 변화를 일으키고, 새로운 목표를 달성하기 위해 행동하고 싶어지죠. 또한 몸에서 활력이 더욱 샘솟고, 잠을 덜 자게 되며, 정신적으로 활발한 상태가 하루 동안 지속되어 저녁 늦게까지 일하거나 파티를 즐길 수 있습니다. 자신감이 높아져서 사람들과 어울리며 똑 부러지게 행동하기도 하고요. 이러한 능력에 타고난 자신감과 의욕을 더하면 역동적 단계에서는 뭐든 할 수 있다고 느끼게 됩니다.

"배란 전 단계에 사교성과 활력이 높아진다는 것을 알게 된 후로 발표자이자 트레이너로서의 커리어를 키우는 데 큰 도움이 되었습니다. 이 시기에 발표하면 에너지와 창의성이 넘쳐나고 청중의 반응에 민감해져서 완전히 집중할 수 있었죠. 주기의 다른 단계에서 발표한다고 해서 항상 덜 효과적인 건 아니었지만 집중하는 데 노력을 더 들여야 했습니다. 즐거움과 에너지 측면에서 배란 전 단계를 따라갈 수는 없었죠."

— 로라, 앨버타주 성 건강 접근권Sexual Health Access Alberta이사(캐나다)

앞서 살펴보았듯이 생리 주기는 잠재의식과 연결되는 강도로 구분할 수도 있습니다. 역동적 단계에서는 직관적인 세계에서 벗어나 합리적이고 구조적이며 외부 중심적인 사고 과정으로 되돌아오게 됩니다.

창의적 단계와 마찬가지로 역동적 단계는 체력과 세상에 대한 방향성이 바뀌는 전환기입니다. 창의적 단계에서는 체력이 감소하고 내면세계를 지향하지만, 역동적 단계에서는 체력이 증가하고 외부 세계를 지향하게 됩니다. 두 단계 모두 자아와 의지, 그리고 요구와 필요에 중점을 둡니다. 다만 역동적 단계에서는 아이디어, 에너지, 계획을 마구 쏟아내게 되는데, 창의적 단계나 성찰적 단계에서 시간을 할애해 잠재의식과 소통하지 않았다면 잠재의식은 역동적 단계에 파괴적인 영향을 미칠 수 있습니다.

예를 들어 저는 한때 역동적 단계로 넘어와 보고서 작성, 프로젝트 설계 등 우선순위에서 밀린 일들을 열심히 처리했습니다. 모두 역동적 단계에 적합한 일이었지만 저는 오히려 좌절감과 스트레스를 느꼈습니다. 창의적 단계와 성찰적 단계에서 내면을 깊이 들여다보지 않았기 때문입니다. 이를 해결하려면 잠재의식에서 비롯된 감정과 욕구를 충분히 들여다보고 휴식 시간을 확보해야 합니다. 이런 내면의 성찰은 역동적 단계가 아닌 성찰적 단계에서 가능합니다.

또한 역동적 단계에서는 덜 예민해지고 마음의 상처도 적게 받습니다. 따라서 불만을 제기하거나, 권리를 옹호하거나, 의견을 표현하는 등 '힘든' 토론을 하기에 가장 좋은 기간입니다. 그러나 공감 능력이 부족해 보일 수 있으니 직장 동료나 가족 및 친구처럼 정서적 기반이 있는 관계라면 공감 능력이 더 높아지는 표현적 단계까지 논쟁을 미루는 것이 좋습니다.

새로운 달, 새로운 시작

역동적 단계는 라이프 코칭 측면에서는 꿈같은 시기입니다! 이번 달과 다음 달의 계획을 세우고, 그에 맞추어 행동하기에 가장 좋은 기간이거든요. 이 단계에서는 자신감과 열정이 높기 때문에 일을 새로 벌이거나 '선을 한번 넘어볼까?' 하고 의욕을 내기도 합니다. 또한 창의적 단계에서 자연스레 부정적인 생각을 했듯, 역동적 단계에서는 긍정적인 생각을 하게 되기 때문에 긍정적인 확언으로 동기를 부여할 수 있어요.

역동적 단계에서는 꿈, 필요, 욕구 등을 중심에 두기 때문에 매우 자기중심적이고 목표 지향적입니다. 호르몬 측면에서 보면 왜 그런지 쉽게 이해할 수 있는데, 역동적 단계는 난자가 배출되기 전이라 임신 가능성이 적기 때문입니다. 이 시기에 자연은 여성에게 개인적인 꿈을 실현하고 개성을 강화하도록 독특한 능력과 에너지를 선사합니다.

하지만 일부 여성들은 자신의 욕구를 타인의 욕구보다 우선시하는 것을 불편해하며 역동적 단계의 에너지를 잘 사용하지 못합니다. 이 단계의 자연스러운 접근 방식을 '모성이 없거나' 여성스럽지 않다고 여기기 때문일 수도 있어요. 그러나 역동적 단계는 성취, 전진, 성공을 위한 최적의 기간이므로 대부분의 여성은 이 시기가 금방 끝난다고 느끼기도 합니다.

역동적 단계에서는 남성적인 에너지와 인식을 경험할 수 있는데 이는 성공 지향적인 현대 비즈니스 세계에서 큰 이점이 될 수 있습니다. 그렇다고 해서 다른 단계가 덜 중요하다는 것은 아닙니다. 다른 단계를 무시하면 성장을 위한 놀라운 능력과 기회를 잃을 뿐 아니라 더 중요하게는 각 단계에 맞춰 생활함으로써 얻는 완전함, 성취감, 행복감을 놓칠 수 있습니다.

다만 주의해야 할 점은 역동적 단계는 '출발 신호'에 불과하다는 것입니다. 역동적 단계에만 머물려고 하면 장거리 경주를 위한 체력이나 집중력을 키울 수 없습니다. 이 단계를 새로운 행동과 프로젝트의 출발점으로 삼되 표현적 단계의 성장, 창의적 단계의 창의성, 성찰적 단계의 검토 능력으로 뒷받침해야 합니다. 그래야만 원하는 변화를 일으키고 불가능해 보이던 장기 목표를 실현할 힘을 얻을 수 있어요.

역동적 단계의 긍정적인 자기 대화

역동적 단계는 긍정적인 강한 믿음과 함께 찾아옵니다. 이를 통해 낙관적인 태도로 자신에게 희망을 품고 '무엇이든' 할 수 있다고 믿게 되지요.

앞서 창의적 단계를 설명할 때 긍정적인 확언, 즉 우리의 사고 과정을 바꾸기 위해 사용하는 긍정적인 진술이 잘 작동하지 않는다고 말했습니다. '마음속 강아지'가 나도 모르게 그것이 사실이 아니라는 증거를 수집하기 때문이죠. 그러나 역동적 단계에서는 증거가 필요하지 않습니다. 마음속 깊이 긍정적인 확언이 사실이라고 느끼니까요.

그렇다면 왜 역동적 단계에서 긍정적인 확언을 사용해야 할까요? 뇌는 반복적인 과정을 거쳐 신경 연결을 형성합니다. 신경 연결이 많을수록 특정한 방식으로 행동하도록 신체가 활성화되죠. 무언가를 자연스레 믿게 되는 역동적 단계에서 유익한 문장을 계속 되뇌면 그 생각과 감정이 머릿속에 잘 고정됩니다. 이로써 더욱 도전적인 창의적 단계와 성찰적 단계까지 긍정적인 감정을 이어갈 수 있어요.

역동적 단계와 표현적 단계에서 긍정적인 확언을 활용하고, 창의적 단계와 성찰적 단계에서 잠재의식 속 저항을 인정하고 해소하려 노력한다면 장기적인 변화를 불러올 강력한 방법을 갖게 됩니다. 긍정적인 확언을 어떻게 사용할지 알려주는 책은 많지만 가장 간단한 방법은 갖고 싶고, 되고 싶고, 경험하고 싶고, 성취하고 싶은 것에 대해 현재 시제로 짧은 문장을 만드는 것입니다. 그런 다음 하루에 여러 번 그 문장을 적어보거나 소리 내어 말해보세요.

역동적 단계에서는 많은 여성이 열정적인 성향으로 인해 다양한 목표와 프로젝트를 달성하고자 긍정적인 확언을 과하게 사용하기도 합니다.

예를 들어 원하는 것을 모두 담아 긍정적인 확언을 매우 긴 문장으로 만들 수도 있죠! 이러한 확언들은 표현적 단계로 넘어가면 자연스럽게 바뀌는 편이어서 이후에는 한두 가지 핵심 문장으로 간단하게 줄여나갈 수 있을 거예요. 또한 감정적으로 확 와닿도록 확언을 약간 수정해야 할 수도 있습니다.

강화된 앵커링

역동적 단계에서 설정하고 표현적 단계에서 강화하면 도움이 되는 자기계발 방식 중 하나로 '앵커링'anchoring이라는 신경 언어 프로그래밍NLP 기법이 있습니다. 이 기법은 긍정적인 감정을 불러일으키는 기억을 되살리거나 상상한 후, 두 손가락을 함께 누르는 것과 같은 신체적 트리거를 이용해 사고방식에 '앵커'고정하는 것을 말합니다. 나중에는 앵커링에서 설정한 감정을 재현하고 싶을 때 신체적 트리거를 실행하기만 하면 되죠.

역동적 단계에서는 긍정적인 상상을 훨씬 더 잘 믿을 수 있어서 우리가 만들어낸 이미지와 감정이 더욱 그럴듯해 보입니다. 따라서 앵커링 기법을 쉽게 강화할 수 있어요.

이러한 과정으로 창의적 단계나 성찰적 단계에서도 신체적 트리거를 사용해 긍정적인 생각과 신념을 북돋을 수 있습니다. 하지만 앵커링을 창의적 단계와 성찰적 단계를 고치거나 부정적인 감정을 무시하는 용도로 사용해서는 안 됩니다. 창의적 단계와 성찰적 단계에서 머릿속에 떠오르는 문제들을 인정하고 해소해야 자기계발과 정신 건강에 도움이 됩니다. 두 단계에서 앵커링을 사용하면 부정적인 생각과 감정에 몰입하지 않은 채 거리를 두며 일상생활에 안정감을 더할 수 있습니다.

따라잡기에 가장 좋은 시기

역동적 단계에서는 성취, 성공, 결과가 매우 중요합니다. 성공하려면 일을 새로 벌여야겠다고 느낄 뿐 아니라 지금 당장 성과를 내야 할 것 같은 기분이 들지요. 빠르게 조치하여 결과를 얻으려고 하기 때문에 일이 더디게 진행되는 것 같거나 사람들이 바로 반응하지 않으면 참을성을 잃고 조급함을 느끼며 정체되어 있다는 좌절감을 느낄 수 있습니다.

이 때문에 역동적 단계에서는 여러 가지 일을 동시에 진행해야 합니다. 이렇게 하면 하나가 막혔을 때 관심과 열정을 다른 곳으로 전환할 수 있어요. 또한 성취감을 꾸준히 유지해 행복감을 느낄 수 있으며, 정신력과 멀티태스킹 능력이 향상되어 추가된 일도 쉽게 진행할 수 있습니다.

다시 말해 역동적 단계는 무언가를 따라잡기에 가장 좋은 기간입니다. 역동적 단계에서는 성찰적 단계에 미뤄둔 일뿐만 아니라 중요도가 가장 낮은 '해야 할 일'들도 따라잡을 수 있어요. 그래서 창의적 단계에서 다음 달로 넘겨도 되는 일 목록을 정리해두면 역동적 단계에서 시급한 일과 우선순위를 잘 정할 수 있습니다.

또한 역동적 단계는 지금까지 이룬 것과 그러지 못한 것을 현실적으로 살펴볼 수 있는 시기이기도 합니다. 이 단계에서 무엇이 부족한지 파악하면 '보란 듯이 해내겠다'며 의욕을 크게 낼 수 있어요. 다시 말해 역동적 단계는 창의적 단계처럼 실패자라는 증거를 모으지 않습니다.

역동적 단계에서는 기억력이나 새로운 정보를 처리하는 능력이 향상됩니다. 따라서 화젯거리를 모으고, 새로운 기술과 정보를 배우고, 강좌를 수강하고, 자기계발을 위해 공부하고, 배경지식을 보충하고, 새로운 구조나 소프트웨어 프로그램을 구현하는 방법을 알아보고, 제품 설명서를 탐독하고, 법률 또는 금융 관련 작은 글씨를 읽는 등 끝없는 목록을 수행하기에 좋습니다. 향상된 지적 능력과 추론 능력 덕분에 감정적으로 덜 민감한 상태에서 상황을 실용적으로 바라볼 수 있습니다. 따라서 다른 단계라면 화내거나 두려워했을 만한 일도 차분히 생각할 수 있어요.

우리는 힘든 상황에 직면하고 이를 분석하여 적절한 조치를 취할 수 있는 힘을 가지고 있습니다. 역동적 단계는 '창의적 단계에서 내린 결정'과 '성찰적 단계에서 몰두한 결정'이 나와 주변 사람들에게 어떤 영향을 미칠지 실용적으로 바라볼 수 있는 시기입니다. 따라서 결과를 논리적으로 따져보고 비상 계획을 세울 수 있죠.

또한 논리적 사고 덕분에 일과 미래를 냉철하게 바라볼 수 있습니다. 급진적인 변화를 모색하고, 필요한 배경 정보를 조사하며, 결과와 위험을 저울질하고, 장단기 전략을 수립하는 데 더 능숙해지죠. 긍정적인 페르소나와 스스로를 믿게 되는 역동적 단계야말로 경력을 발전시키고, 이직을 준비하고, 면접을 보러 가기에 가장 좋은 시기입니다.

역동적 단계를 통한 인생 계획

28일 플랜의 핵심 중 하나는 계획입니다. 그리고 역동적 단계에서 계획을 실행에 옮길 수 있지요. 집중력을 활용해 목표와 작업 목록을 행동과 일정으로 구분해 관리할 수 있으며, 장기 프로젝트는 물론이고 한 달 또는 일일 활동도 계획할 수 있습니다. 특히 역동적 단계는 장기 목표를 계획할 때 가장 큰 힘을 발휘하며, 계획을 생리 주기에 맞춰 구조화할 수 수도 있어요.

시작을 가로막는 큰 장애물 중 하나는 진심으로 무얼 하고 싶은지, 무얼 가지고 싶은지, 무엇이 되고 싶은지 모른다는 것입니다. 일례로 몇 년 동안 기타 연주를 해보고 싶다던 친구가 있었는데, 제가 기타 레슨을 제안하자 기타를 배우고 싶지는 않고 그냥 연주했으면 한다고 말하더라고요. 그래서 저는 그 친구에게 기타를 연주하고 싶은 게 아니라 '기타를 연주할 수 있기를 소망하는 것'이 아니냐고 말했습니다. 정말로 연주하고 싶었다면 레슨을 얼마나 받든 상관없이 기타 연주라는 목표에 집중했을 테니까요. 며칠 후 그 친구는 첫 레슨을 예약했다고 말하더군요.

바라는 것과 원하는 것의 차이는 그걸 얻기 위해 행동할 의지가 있느냐에 달려 있습니다. 그리고 우리는 생리 주기를 활용해 자신에게 중요한 것과 하고 싶은 것을 알아내고 목표를 정의할 수 있습니다. 역동적 단계에서 아이디어를 찾아보고, 표현적 단계에서 주변 사람들과 이야기를 나누고, 창의적 단계에서 잠재의식을 이용해 무엇을 원하는지 이해하고,

성찰적 단계에서 마음을 가다듬는다면, 다음 역동적 단계를 시작할 때 인생을 바꾸는 첫걸음을 내딛을 수 있어요.

> "앞으로는 역동적 단계나 표현적 단계에서 미래 계획을 세울 거예요."
>
> — 멜라니, 교사(영국)

장기 목표를 선택했다면 역동적 단계에서 목표 달성에 필요한 행동을 분석하고 세부 목표와 기간을 정합니다. 그다음에 주요 목표를 여러 개의 하위 목표로 나누고, 그중 하나만 선택하여 다음 달에 수행할 더 작은 행동들로 세분화할 수 있습니다. 그리고 주기 날짜를 살펴보면서 최적의 기간에 맞는 세부 행동을 실행하는 것이지요.

지난달 주요 목표에 변수가 있었다면 역동적 단계에서 장기 목표를 재평가하고 변경하면 됩니다. 장기 목표는 고정된 것이 아닙니다. 목표를 향해 나아가다 보면 새로운 기회와 상황이 불쑥 나타날 수 있어요. 역동적 단계는 기회를 얻으려면 무엇을 바꿔야 할지 따져보기에 좋은 시기이기도 합니다.

역동적 단계 가이드라인

역동적 단계는 새로운 에너지와 향상된 능력을 제공합니다. 이 단계를 생산적으로 활용하려면 전략을 잘 세워야 합니다. 그렇다면 역동적 단계에서는 어떤 능력이 향상되고, 어떻게 하면 이를 최대한 활용할 수 있을까요?

역동적 단계에서 나타나는 능력

- 항목을 분류하고 우선순위를 정하는 능력
- 구조와 시스템 만들기
- 분석과 구조화된 학습
- 새로운 프로젝트 개시
- 열정과 의욕
- 자신감과 긍정적인 사고
- 이상주의
- 독립심과 자립심
- 모험을 감수하는 추진력
- 집중력과 기억력

- 타인의 의견이나 옳은 일을 지지하는 것
- 논리적 문제 해결 및 추론 능력
- 의사 결정
- 뛰어난 정신력

역동적 단계에서 잘 작동하지 않는 것

- 타인의 일에 정서적으로 공감하는 것
- 공감을 바탕으로 하는 이해
- 공동 프로젝트 수행이나 타인의 속도에 맞춰 작업하기
- 추상적인 창의성과 아이디어
- 흐름 따라가기
- 타인에게 권한과 책임을 부여하는 것
- 팀워크

역동적 단계에서 주의해야 할 점

- 사람들이 따라오지 못할 때 느끼는 좌절감과 짜증
- 정신적 자극 부족으로 인한 좌절감
- 행동, 결과 또는 진행 부족으로 인한 좌절감
- 남들과 상의 없이 결정을 내렸을 때 높아지는 위험성
- 지나친 열정으로 조급하게 일을 시작하는 것
- 자신의 생각이 모두 옳다고 믿는 것
- 인내심과 공감 능력 부족

- 사람이든 일이든 한 번에 고치려고 하는 것
- 자기 욕구에만 집중하는 것
- 차갑고 무신경해 보이는 것
- 남들에게 강요하는 것처럼 보일 수 있음

역동적 단계를 위한 전략

신체적 전략

- 규칙적인 운동으로 넘치는 에너지를 소모하라.
- 더 높은 목표를 세우고 구체적으로 도전하라.
- 건강한 식습관을 시작하라.
- 담배를 끊거나 다른 나쁜 습관을 버려라.
- 루틴을 바꾸어라.
- 수면 시간을 줄여라.
- 야외에서 더 많은 시간을 보내라.
- 몸과 마음을 함께 자극하라.
- 댄스, 스텝 같은 유산소 운동을 시작하라.

감정적 전략

- 저녁 시간에 사람들과 모임 약속을 잡아라.
- 여행, 파티, 이벤트로 바깥세상을 다시 즐겨라.
- 자신에 대한 긍정적인 생각을 믿어라.
- 뒤처지지 않고 성취할 수 있는 것들을 즐겨라.

- 표현적 단계가 될 때까지 속마음을 나누는 대화는 피하라.
- 사람들을 감정적으로 괴롭힐 수도 있음을 인지하라.
- 이 단계가 진짜 '나'라고 생각하지 마라.
- 이 단계는 지나갈 것임을 받아들이고 최대한 활용하라.

업무 전략

- 성찰적 단계 동안 미뤄둔 일을 처리하라.
- 멀티태스킹을 통해 더 많은 일을 하라.
- 새로운 것을 배워라. 강좌를 듣거나 소프트웨어 설명서를 꺼내 보자!
- 복잡한 것을 배워라. 이 단계에서 얼마나 이해하고 기억해내는지 알면 놀랄 것이다.
- 보고서를 분석하거나 그래프, 근거 등을 작성해보라.
- 업무 전략 및 전술 계획을 세워라.
- 디테일을 조사하고 가장 작은 요소로 세분화하라.
- 전체적인 관점에서 장기 계획을 세워라.
- 나의 관점, 아이디어, 전문성을 확고히 하라.
- 옳다고 생각하는 것을 위해 싸워라.
- 고객 불만과 같이 냉철하게 접근해야 할 어려운 대화에 도전하라.
- 사람들과 소통할 때 너무 까다롭거나 독단적으로 보이지 않도록 노력하라.
- 동료들이 따라오기를 기대하지 말고 가능한 것은 혼자 진행하라. 이렇게 하면 각자의 속도에 맞게 일할 수 있다.
- 분석과 냉철한 관찰이 필요한 곳에서 협상하거나 중재하라.

- 아이디어를 제시하되 표현적 단계까지는 대면 회의를 피하는 것이 좋다.
- 열정과 의욕을 낼 수 있는 프로젝트를 선택하라.
- 동료를 질책하기보다 동기를 부여해주어라.
- 이어지는 단계를 잘 활용할 수 있도록 회의, 업무 및 마감일을 계획하라.

목표 달성을 위한 행동

- 다음 달 계획을 미리 세워라.
- 가능한 작업은 즉시 조치하라.
- 성공과 목표 달성에 도움이 될 만한 새로운 능력과 관점을 배워라.
- 타인의 성공 사례에서 배울 점을 찾아라.
- 남은 한 달 동안 긍정적인 확언으로 마음을 프로그래밍하라.
- 장기 목표와 계획을 공식화하라.
- 행동과 계획을 뒷받침할 정보를 조사하라.
- 목표 영역을 분석하거나 검토한 데이터를 찾아보라.
- 재정 상태를 확인하고 계획을 세워라.
- 건강한 식습관, 운동 계획을 세우고 곧바로 실천하라.
- 부정적인 측면을 줄이거나 긍정적인 측면을 늘려서 '나쁜 습관'을 없애보라.

도전 과제

- 현실에서 발 떼지 않기
- 누군가를 질책하지 말고 동기 부여에 열정 쏟기
- 모든 일이 원하는 만큼 빨리 일어나지 않는다는 사실을 받아들이기
- 사람들의 감정과 의견 인정하기

역동적 단계에서 떠오른 아이디어 적어보기

7

표현적 단계 솔루션

배란기 : 생리 시작 후 14~20일

7

배란기의 신체 변화를 감지하며 표현적 단계에 들어섰음을 알게 되는 여성들도 있지만, 배란기에는 에너지와 인식이 서서히 변화하기 때문에 이를 알아채지 못하는 여성도 있습니다. 특히 많은 여성이 표현적 단계의 능력과 태도를 여성다움의 전형으로 여기고 '여자는 항상 그래야 해'라고 생각하기 때문에 표현적 단계가 와도 잘 알아채지 못합니다. 즉 표현적 단계를 '진정한 나'로 느끼고 나머지 세 단계 중 두 단계는 기능 장애로 여기는 것이죠.

표현적 단계는 기쁨과 행복, 창의성과 자기표현, 자신감과 성취감, 이타심과 사랑을 느낄 수 있는 멋진 단계입니다. 감정 중심적인 단계이긴 하지만 창의적 단계에서 겪는 내향적인 감정과는 구분되며, 긍정적인 마음으로 사람들과 소통하기 시작합니다.

"표현적 단계는 글쓰기나 보고서 작성 등을 하기에 좋습니다. 아이디어가 꾸준히 나오기 때문에 수업 계획도 수월하게 작성하죠."

— 멜라니, 교사(영국)

표현적 단계에서는 어떤 태도를 취하든 나 자신으로 돌아간다는 안도감을 느끼게 됩니다. 또한 '전통적인' 여성 에너지를 경험하는데, 사람마다 편안할 수도 있고 불편할 수도 있습니다. 한편 역동적 단계의 추진력이 사라지면서 좌절감을 느낄 수도 있어요. 하지만 어떤 감정을 느끼든 표현적 단계는 개인 생활과 직장 생활 모두에 긍정적인 도움을 줍니다.

표현적 단계란 무엇일까?

표현적 단계의 능력과 역량은 배란기 전후로 발달하며 보통 배란 며칠 전후에 경험하게 됩니다. 성찰적 단계와 마찬가지로 표현적 단계는 자아의 추진력이 약해지는 전환기입니다. 하지만 성찰적 단계가 내면으로 들어가 새로워지는 시기라면, 표현적 단계는 세상으로 나아가서 나를 표현하는 시기입니다. 다만 이타심에 초점을 두므로 나의 욕구보다는 풍부해진 공감 능력을 통해 주변 사람들을 잘 파악하는 식으로 발현됩니다.

표현적 단계에서는 직장 동료와 고객의 요구 및 감정이 내 일보다 더 중요해집니다. 또한 기꺼이 '흐름을 따르고' 일이 잘 진행될 수 있게 협조

합니다. 즉 사람들에게 내 지시를 따르라고 강요하기보다는 프로젝트나 관계자들이 유기적으로 발전할 수 있도록 적절한 환경을 조성하는 데 더 많은 노력을 기울입니다.

역동적 단계의 정서적 안정감은 표현적 단계의 정서적 힘으로 발전합니다. 정서적 힘이 인내, 수용과 결합하면 사람들에게 의견을 물어보게 되지요. 비판에 덜 민감해지고 사람들의 언행 뒤에 숨은 감정과 동기를 더 잘 이해합니다. 또한 배려심이나 경청하고 소통하는 능력이 잘 발휘되기 때문에 진솔한 회의, 팀 빌딩(팀 구성원 간 협력과 의사소통을 증진하고자 기획되는 다양한 활동과 프로그램-역주), 타협 중재, 상생 거래, 업무 관련 인맥이나 친구 관계 형성 등을 통해 프로젝트와 사람들을 지원하기에 가장 좋습니다.

표현적 단계 내내 느끼는 개인적인 행복감은 사랑, 감사, 배려의 감정을 표현하는 것과 직접적인 관련이 있습니다. 다시 말해 표현적 단계에서는 가족을 돌보고 친구들과 소통하는 것이 내 삶을 지탱하는 데 큰 부분을 차지합니다. 또한 내면의 힘 덕분에 타인에게 휘둘리지 않으면서 능력을 발휘할 수 있습니다.

표현적 단계는 세상으로 나아가 직장에서 성공을 거두고 목표를 달성하는 데 필요한 인맥을 쌓기에 가장 좋은 기간입니다. 역동적 단계에서는 일을 성사시키기 위해 남성적인 접근 방식을 선호하는 반면, 표현적 단계에서는 '여성적인 접근 방식'으로 관계 중심적인 관점을 택하게 됩니다. 그러나 표현적 단계에서는 남성 동료와 여성 동료에게 매우 다르게 행동할 수 있으며, 남성들은 이 단계의 여성성에 자기도 모르게 반응할 수 있습니다. 관점에 따라 이를 유리하게 활용할 수도 있고, 무시하거나 불편하게 느낄 수도 있어요.

표현적 단계의 창의성이란?

많은 여성이 '나는 창의적일까?'라고 스스로에게 묻는다면 '아니오'라고 대답합니다. 창의성을 명화를 그리거나 오케스트라 교향곡을 작곡하거나 문학 작품을 쓰는 것으로 생각하는 경향이 있기 때문입니다. 하지만 창의성은 이보다 훨씬 더 다양한 형태로 나타나며 여성의 생리 주기와 삶에 적극적으로 관여합니다.

창의성은 결과라기보다는 행동이며 영감, 높은 이해력, 문제 해결력, 상상력, 자유로운 사고, 계획 등으로 표현됩니다. 따라서 창의성을 교육, 광고, 프레젠테이션, 팀 빌딩, 관리에서도 찾아볼 수 있죠. 창의성은 구조, 균형, 조화, 홍보와 고객 서비스, 동료 관계, 효과적인 의사소통 등을 '창조'하고 혼돈 속에서 질서를 만들 때 드러납니다.

그밖에 창의성은 예술과 디자인, 글쓰기와 음악, 춤과 노래, 연기와 공연 등과 관련된 분야에서도 찾아볼 수 있습니다. 또한 돌봄과 성장, 간호와 치유, 요리와 바느질, 정원 가꾸기, 가사 및 자녀 양육과 같은 일에서도 찾아볼 수 있어요.

창의성에 대한 관점을 재정의하면
생리 주기가 활기 넘치고 흥미로운 기회로 바뀐다.

표현적 단계는 '여성적인' 창의력을 발휘하기에 가장 좋은 기간이지만 그렇다고 해서 케이크를 굽거나 뜨개질을 해야 한다는 의미는 아닙니다. 물론 이런 활동이 표현적 단계에서 행복을 유지하는 좋은 방법이 될 수 있지만요.

다시 말해 표현적 단계의 창의성이란 흥미로운 소통 능력 및 인력 관리, 타고난 적응력 및 개발 능력과 더불어 가르치고 중재하는 재능이 생겨나는 것을 말합니다. 이에 더해 매우 풍부하고 정서적인 힘을 가지게 되지요.

> "저는 표현적 단계를 좋아해요. 배려심이 많아지고 친구와 가족을 위해 가만히 앉아 공예를 하는 인내심이 생기거든요. 무언가를 만드는 게 제 생각과 감정을 세상에 표현하는 것처럼 느껴집니다."
>
> — 조, 리셉셔니스트(호주)

'어머니 같은' 표현적 단계

표현적 단계에서는 아끼는 사람들 목록에 동료들도 포함됩니다. 또한 사람들을 잘 보살피게 되면서 더 깊은 관계를 만들어갈 수 있죠.

자아의 추진력이 줄어들고 공감 능력이 향상되는 표현적 단계는 사람들과 대화하기에 가장 적합합니다. 이때는 타인과의 소통에서 불쾌감을 느끼거나 나를 싫어하나 오해할 가능성이 적어요. 따라서 이 시기를 활용해 동료들이 프로젝트나 근무 환경을 어떻게 느끼는지, 또 고객들이 서비스를 어떻게 받아들이는지 알아볼 수 있습니다. 또한 성찰적 단계와 역동적 단계에서 소홀히 대했을 수 있는 가족, 친구, 직장 동료와 더 많은 시간을 보내며 다시 돈독해질 좋은 기회이기도 합니다.

표현적 단계에서는 타인의 의견을 경청하고 검증하는 능력이 높아지므로 내 위치에 위협을 느끼지 않으면서 적극적으로 아이디어를 낼 수 있습니다. 또한 직원들의 업무에 고마워하며 관심을 더 보일 수 있고 실질적인 도움을 줄 수도 있어요. 따라서 표현적 단계를 직원 직무 평가에 효과적으로 활용하면 좋습니다. 잘못을 지적할 수는 있지만 직원의 말에 공감하며 문제를 해결할 수 있다는 믿음을 심어줄 수도 있습니다. 이는 가족이라는 '팀'에도 똑같이 적용됩니다.

본질적으로 표현적 단계는 지속 가능하며 보완적이고 서로 도움이 되는 관계를 형성할 수 있게 해줍니다. 이러한 능력을 프로젝트 팀 지원뿐 아니라 현재 일을 지원하는 '확장된 팀'을 만들고 유지하는 데도 사용할 수 있습니다. 이 확장된 팀에는 회사 상사와 동료는 물론이고 거래처, 업무 멘토, 상담사, 절친한 친구, 파트너, 가족까지 모두 포함됩니다.

표현적 단계는 나에게 도움이 되는 사람들과 돈독해지면서 그 관계에서 최고의 결과를 얻도록 소통할 수 있게 합니다. 사람들과 직접 소통하면서 그들에게 관심을 가지고 있음을 보여줄 수 있죠. 그 덕분에 아이디어나 문제에 대해 조언해줄 수 있는 사람, 추가 업무나 책임을 도와줄 수 있는 사람, 하루를 좀 더 편하게 보낼 수 있게 해주는 사람, 그리고 경력이나 목표에 도움이 되는 인맥을 가진 사람들과 친해질 수 있습니다. 무엇을 하든 나를 지지하고, 내 능력을 믿어주고, 상황이 어려워지면 격려해줄 사람들을 얻게 되는 것입니다.

빛을 발하고 원하는 것을 얻자!

표현적 단계에서는 뛰어난 의사소통 능력과 내면의 힘 외에도 부드러운 설득력으로 원하는 것을 얻을 수 있게 됩니다. 예를 들어 역동적 단계라면 상사의 사무실에 당당히 들어가 여러 이유를 대며 임금 인상을 요구할 테지만 표현적 단계에서는 상사와의 우연한 만남을 연출하고 업무 성과를 강조하는 방향으로 임금 인상에 대한 아이디어를 심어줄 가능성이 높습니다. 그러면 며칠 동안 상사는 임금 인상을 떠올리다 스스로 생각해낸 것처럼 행동할 수도 있죠.

이처럼 표현적 단계에서는 전략적인 접근 방식으로 원하는 것을 얻을 수 있고, 인내심을 가지고 사람들이 내 생각에 동의하도록 만들 수 있습니다.

표현적 단계는 격려하고 설득하고
회유하기에 가장 좋은 시기다.

이런 태도가 계산적으로 보일 수도 있을 겁니다. 하지만 표현적 단계에서는 감정과 이타심이 중요해지기 때문에 진심으로 배려하고 인도하는 태도로 사람들을 설득합니다. 타인의 관점이나 상황을 이해하기 때문에 타협할 가능성이 더 높지만 자신감이 커져서 자신의 가치와 내면의 힘을 바탕으로 협상에 나설 수도 있습니다. 막대 사탕보다 사과가 더 나은 선택임을 아이에게 가르치고 설득하는 인내심 많은 엄마처럼요. 또한 혹시 모를 분노나 반발에 감정적으로 면역력이 생기기 때문에 협상에서 물러서거나 대립하기보다는 긍정적인 해결책을 찾으려고 합니다.

표현적 단계는 나 자신이나 업무, 제품, 서비스를 홍보하기에 가장 좋은 기간입니다. 콜드 콜(영업이나 마케팅 활동의 하나로 잠재 고객에게 전화나 방문을 통해 제품이나 서비스를 소개하고 판매를 시도하는 것을 말한다-역주)을 하고, 인맥을 쌓고, 회의를 진행하고, 행사에 참석할 수 있는 자신감과 소통 능력이 생기죠.

즉 고객이나 거래처에 연락해 새로운 제품이나 서비스를 제안하거나 피드백을 요청하고 무엇을 원하는지 귀 기울이기에 좋은 시기입니다. 관계는 항상 양방향이므로 내가 그들을 어떻게 돕고 있는지 강조하기에도 좋지요. 고객들과 가볍게 이야기하면서 회사의 장점뿐 아니라 나의 장점도 보여줄 수 있어요. 이는 궁극적으로 발전과 성공의 기회로 이어질 거예요.

중재자로서 활약하는 시기

표현적 단계의 가장 강력한 특징 중 하나는 자아로 인한 욕구와 잠재의식에서 비롯된 두려움 및 불안감이 줄어든다는 것입니다. 즉 공격적인 사람을 만났거나 갈등에 처했을 때 감정적으로 뒤로 물러나 공정하고 열린 자세로 대처할 수 있어요.

표현적 단계에서는 사람들의 공격성을 누그러뜨리는 쪽으로 행동하려 하고 양쪽 상황을 모두 보며 갈등 당사자들과 공감하게 됩니다. 다시 말해 생산적인 중재자가 될 수 있죠. 그래서 이 최적의 기간에는 팀에서 최고의 성과를 낼 수 있을 뿐 아니라 견해가 상충되는 사람들과도 좋은 결론을 끌어낼 수 있습니다. 여기에 타협할 줄 아는 능력까지 더해지면 무산 직전의 회의를 좋게 바꿀 수도 있어요.

우리는 주기에 따라 갈등 상황을 다루는 방식이 달라집니다. 성찰적 단계에서는 뒤로 물러나서 관여하지 않을 가능성이 높고, 역동적 단계에서는 문제 해결을 위해 논리와 집중력을 발휘하지만 냉담하고 독재적인 사람으로 보일 수 있죠. 또 창의적 단계에서는 궁극적인 해결책이 떠오르지만 사람들을 견제하느라 관심을 보이지 않을 수 있습니다.

반면 표현적 단계에서는 갈등 당사자 사이에 긍정적인 관계를 재구축하려고 합니다. 나중에 다시 잘 생각해보자는 식으로 양측 모두 잘 받아들일 수 있게 하죠. 즉 표현적 단계에서는 빠른 해결책을 찾지 않습니다. 대신 장기적인 해결책을 기꺼이 받아들이고 상생하는 방향으로 성장하려고 합니다.

웅덩이에 뛰어들기

한편 표현적 단계는 삶을 만끽하는 단계로, 감사하는 마음이 더욱 커지며 현재 가진 것만으로도 행복해집니다. 많은 자기계발서가 행복해지려면 물질적·직업적·개인적·관계적 목표를 추구하기보다 가진 것에 더 많이 감사해야 한다고 말하는데, 표현적 단계에서는 자연스럽게 이러한 태도를 취하게 되지요.

현재 삶에 감사하는 태도는 보통 이타적인 태도로 표현됩니다. 이는 직장에서 고객과 거래처에 시간을 더 할애하는 것, 동료의 업무를 도와주는 것, 누군가의 이야기를 들어주거나 함께 있어주는 것, 커피를 사주는 것 등의 행동으로 나타날 수 있으며 행복을 나눌 때도 성취감을 얻을 수 있습니다.

또한 표현적 단계 동안 나 자신과 주변 환경에 대한 행복을 놀이로 표현할 수도 있습니다. 수십억 달러 규모의 기업에서 CEO로 일하더라도 물웅덩이에 뛰어들어 삶의 기쁨을 만끽해본 적은 오래 전이었을 겁니다. 놀이는 재미있다는 점만 빼면 무의미하고 비생산적인 행동이니까요. 하지만 전통적으로 '여성적인' 창의성 중 대부분이 표현적 단계의 놀이 개념에 부합합니다. 중요한 것은 목도리가 아닌 뜨개질이고, 정원이 아닌 흙이나 식물을 만지는 행위이며, 케이크가 아닌 요리(물론 직접 만든 초콜릿

케이크라면 다르겠지만!)라는 점이죠.

놀이는 또한 명상으로 해석될 수 있습니다. 즐거움에 빠져들면 마음을 비울 수 있으니까요. 표현적 단계와 성찰적 단계는 주기에서 서로 반대되지만 둘 다 명상하는 단계입니다. 표현적 단계에서는 '활동적' 명상을, 성찰적 단계에서는 '정적인' 명상을 하게 되죠.

이렇게 놀이에 빠져들면 나 자신과 타인의 기대 속에 숨겨진 진정한 나와 다시 연결될 수 있습니다. 아무 목적 없는 놀이일수록 효과가 더 강력하지요. 표현적 단계에서 놀이 시간을 가지면 행복감과 안정감을 느끼며 스트레스 없이 지낼 수 있습니다. 이로써 업무 능력을 다시 향상하고 삶에서 중요한 관계를 키워가는 데 도움이 됩니다.

많은 여성이 항상 표현적 단계에 머무르고 싶어 하는 이유는 분명합니다. 자신을 기분 좋게 받아들이고 깊은 행복감을 경험하기 때문입니다. 게다가 타인에게 사랑과 배려를 느끼는 동시에 정서적으로 강해지고 인내심이 생기며 스스로를 유능하다고 느낍니다. 그러나 표현적 단계는 앞뒤 단계가 있어야만 가능합니다. 자아의 욕구와 필요를 탐구하고 추진하는 단계가 없다면 모든 사람을 이타적으로 지원해줄 균형 잡힌 인격을 가질 수 없어요. 다시 말해 성찰적 단계에서 내면 깊은 곳으로 물러나보지 않는다면 표현적 단계에서 눈부신 활력을 얻을 수 없습니다.

여성의 능력은 하나의 단계가 아닌 변화하는 단계의 흐름에 있으며,
각 단계가 서로를 지원하여 지금의 우리를 만들어낸다.

나만의 치어리더가 되자

표현적 단계는 자신감과 자존감을 키울 수 있는 중요한 기간입니다. 이 시기에는 감사하는 마음이 자연스레 생기기 때문에 성공과 자신감을 나의 정체성으로 구축하기에 가장 좋은 기회가 됩니다. 이런 경험을 통해 자신감과 자존감의 기준을 설정하고 한 달 내내 유지할 수 있지요.

우리는 종종 다음 목표나 '해야 할 일'에 신경 쓰느라 따로 시간을 내어 성공에 감사하지 못합니다. 상황에 스트레스를 많이 받을수록, 마감일이 가까워질수록, 해야 할 일이 늘어날수록 성과에 감사하기보다 단순히 관리하는 데만 집중하지요. 하지만 성공에 감사하면 자신감을 쌓고 목표를 이룰 수 있을 뿐 아니라 어려운 상황에 침착하게 대처할 정도로 자신에게 자제력이 있음을 깨닫게 됩니다.

자신감은 내가 누구이며 무엇을 할 수 있는지 아는 데서 비롯됩니다. 그리고 이는 성취감과 성공감을 감정적으로 경험해봐야만 가능해요. 성공이라는 긍정적인 감정을 충분히 느껴볼 시간을 갖지 않으면 다른 사람이나 외부 상황에 의존해 그러한 감정을 얻으려 할 수도 있습니다.

제가 이렇듯 '감정'을 강조하는 이유는 표현적 단계에서는 감정이 주변 세상과 상호 작용하는 가장 중요한 방법이기 때문입니다. 내면을 이

성적으로 돌아보고 성과를 확인하는 것도 중요하지만 자신감을 키우려면 우선 시간을 들여 성공을 '느껴보는' 과정이 필요합니다. 이를 무시한다면, '나'라는 가장 훌륭한 치어리더를 놓치게 되는 셈이에요! 많은 여성이 성공을 통해 자신감과 자존감을 높일 놀라운 기회를 놓치고 있습니다.

표현적 단계가 끝나갈 무렵이면 외향성이 줄어들고 창의적 단계의 감성적이고 영감을 주는 경험들이 쌓이기 시작합니다. 상황이 정말 흥미진진해지기 시작하죠. 다시 한번 창의적이고 영감 넘치는 롤러코스터를 타게 될 테니 이 기회를 꽉 붙잡길 바랍니다.

표현적 단계 가이드라인

표현적 단계는 일상생활과 직장 생활에서 효과적으로 사용할 수 있는 다양한 능력과 역량을 제공합니다. 다음의 능력들을 직접 실천해보세요. 제공된 빈칸을 활용해 표현적 단계에 대한 아이디어를 추가해도 좋습니다.

표현적 단계에서 나타나는 능력

- 공감 능력과 이타적 시각
- 효과적인 의사소통 및 대인 관계
- 감정 중심적 사고
- 중재 및 협상 능력
- 삶에 행복감을 느끼며 놀이 즐기기
- 인내심과 온화함
- 사람들을 돕는 마음
- 사람들의 감정, 필요, 동기 인식하기
- 설득하고, 안내하고, 가르치고, 이끌 수 있는 능력
- 내가 원하는 것을 희생하는 마음
- 적극적인 경청과 확인

- 감사를 느끼고 표현하기
- 사람들의 비언어적 표현을 읽어내는 능력
- 친절함과 매력 어필
- 나의 성공을 느껴보는 것
- 사람들과 어울리기 위해 일상을 바꿀 수 있는 유연성
- 사람과 상황을 있는 그대로 받아들이는 능력
- 집에서 가족들과 시간 보내기

표현적 단계에서 잘 작동하지 않는 것

- 적극적이고 역동적인 태도에 대한 기대
- 자유로운 사고
- 집에서 멀리 떨어져 시간을 보내는 것. 표현적 단계에서 집은 행복에 중요하다.
- 남성적이게 행동하려는 노력
- 물질적인 목표에 대한 동기 부여
- 상세하게 분석하는 능력
- 논리적 사고
- 초과 근무를 하거나 집에서 남은 업무를 처리하는 것
- 혼자서 일하기

표현적 단계에서 주의해야 할 점

- 사람들을 돕기 위해 너무 많은 추가 업무나 책임을 맡을 수 있다.

- 지나치게 관대해진 나를 타인이 이용할 수 있다.
- 나의 욕구를 충족하지 못해 좌절감을 느낄 수 있다.
- 나를 위해 시간을 잘 내지 못한다.
- 사람들을 도와주지 못한 것에 자책할 수 있다.
- 세상의 모든 문제를 해결하지 못한다고 자책할 수 있다.
- 남들을 위해 나를 희생하면 마음속에서 갈등이 생길 수 있다. 창의적 단계나 성찰적 단계에서 내가 무엇을 원하는지 검토해보자.
- 나의 가치가 타인의 반응에 따라 달라질 수 있다.
- 회의에서 내 의견을 너무 많이 양보할 수 있다.
- 재빠르게 행동하지 않는다.
- 혼자 있기보다 사람들과 접촉하려 한다.
- 추진력이 떨어지면 관심과 몰입이 부족하다고 느낄 수 있다.
- 다른 주기에도 이런 상태를 유지하려 한다.

표현적 단계를 위한 전략

신체적 전략

- 사람들과 어울리며 친구와 가족을 방문하라.
- 행사와 수업에 참석하여 새로운 친구를 사귀어라.
- 시간을 내서 즐길 수 있는 일을 하라.
- 자연으로 나가라.
- 감각을 마음껏 즐겨라.
- 적절한 때와 장소에서 사람들과 신체적으로 접촉하라.

- 운동하고, 걷고, 춤추는 등 몸을 움직이며 즐거운 시간을 보내라.
- 좋아하는 음식을 한 입씩 음미하며 즐겨보라.
- 창의성을 발휘하고 즐거운 취미를 찾아라.
- 헬스장에서 운동 목표를 해냈다는 성공감을 즐겨라.

감정적 전략

- 마음을 터놓고 대화를 나누어라.
- 사람들의 고민을 들어주라.
- 감정적으로 어려운 주제를 깊이 탐구해보라.
- 자선 활동이나 봉사 활동을 하라.
- 파트너, 가족, 친구와 더 좋은 시간을 보내라.
- 마음만 앞서지 말고 말이나 행동으로 사람들을 도와라.
- 사람들과 더 좋게 지내는 방법을 찾아보고 실행에 옮겨라.
- 적절한 경우에만 양보하고 나의 욕구를 놓치지 마라.
- 가족회의를 열어 내 생각을 전달하고 갈등을 중재하거나 문제를 해결하라.
- 사람들을 포옹하라.
- 사람들에게 감사한 마음을 표현하고 간단한 선물을 준비하라.
- 여성스럽게 성공을 느껴보라(가지고 싶던 값비싼 디자이너 드레스를 구입해도 좋다).
- 자녀 및 파트너와 함께 놀 수 있는 시간을 따로 마련하라.
- 하루에 해낸 일들을 적고 좋은 기분을 느껴보라.
- 나의 업무가 타인에게 얼마나 도움이 되는지 확인하고 보람을 느껴보라.

업무 전략

- 회의, 컨퍼런스, 전시회, 비즈니스 클럽 모임 등에 참석하여 인맥을 넓혀라.
- 가벼운 대화로 새로운 인맥을 만들어라.
- 팀 회의를 열어서 의견, 불만, 문제를 자유롭게 표현해보라.
- 분쟁에 역량을 집중하여 타협과 해결책을 만들어라.
- 갈등을 중재하고 협상하는 데 도움이 되는 '우연한 만남'을 만들어라.
- 누군가의 멘토가 되어주어라.
- 직원 평가를 실시하라.
- 성장, 생산성 유지, 변화 관리를 위해 무엇을 도와야 할지 확인하라.
- 사람이나 일을 성장시킬 접근 방식을 취하라. 그들이 자유롭게 달려갈 수 있게 허용하고 궤도를 벗어나거나 실수를 하면 올바른 방향으로 지도하라.
- '현장'에 나가 직원, 고객, 거래처와 얼굴을 맞대고 대화하라.
- 소통 능력을 갖추고 있으니 직원을 직접 가르쳐보겠다고 제안하라.
- 문제 해결이나 프로젝트에 도움이 될 만한 사람들에게 연락하라. 필요한 경우 도움을 요청하고 거절을 두려워하지 마라.
- 사람들을 위해 자신이 얼마나 많은 일을 하는지 인정하라.
- 거래처 또는 동료와 직원에 감사를 표하라.
- 낙서, 시 쓰기, 뜨개질 등 쉬는 시간에 쉽게 할 수 있는 창의적인 활동을 찾아보라.
- 지난 한 달 동안 배우고 성취한 것들에 감사하라.
- 업무 공간을 꾸며서 직장을 편안한 '집'으로 만들어라.
- 상사와 대화를 나누어라. 상사가 원하는 것을 도울 수 있을지 확인하고 자

신이 좋은 직원임을 은근히 드러내라.

- 직장이나 업계·전문 분야의 여성들과 소통하려고 시도해보라.
- 목표를 높게 설정하고 소통 능력을 사용하여 아이디어를 제안해보라.
- 이 단계를 활용해 대인 관계, 워크플로, 보고 및 관리 지침을 검토하라.
- 다른 부서, 고객 및 동료와 정보를 공유하여 새로운 소통 라인을 개발하라.

목표 달성을 위한 행동

- 목표 달성에 도움이 될 만한 사람들에게 연락해보라.
- 사람들에게 아이디어와 접근 방식에 대한 의견을 구하라.
- 대면 회의를 요청하라. 이러한 방식으로 더 잘 소통할 수 있을 것이다.
- 목표들 사이에 있는 연결 고리를 찾아보라.
- 자신이 이룬 성공에 관심을 기울이고 자기 자신에게 보상해주어라.
- 사람들에게 아이디어를 발표하는 연습을 하고 17초짜리 동영상을 만들어라.
- 내가 세운 목표가 사람들에게 어떤 좋은 도움이 될지 평가하라.
- 목표를 향한 여정에서 무엇을 배웠고 어떻게 성장했는지 감사하는 시간을 가져라.
- 사람들에게 어떻게 도움을 요청할지, 또 상생하는 해결책이 있는지 찾아보라.

도전 과제

- 내가 원하는 것을 포기하지 않기
- 타인에게 의존하지 않고 자존감 키우기
- 이 단계가 지나갈 것임을 받아들이고 너무 많은 감정적 짐을 떠맡지 않기
- 현재 삶을 즐기고 놀 수 있는 시간 확보하기
- 물질적 목표에 대한 동기 유지하기

표현적 단계에서 떠오른 아이디어 적어보기

8

28일 플랜 소개

8

28일 플랜을 시작하기 전에 이 계획이 생리 주기에 어떻게 접근하는지 이해하면 도움이 될 것입니다. 또한 28일 플랜을 시작하는 방법과 자주 묻는 질문도 살펴보겠습니다.

28일 플랜이란?

28일 플랜은 여성이 생리 주기를 인식해 각 단계를 깊이 이해하고 이를 실생활에 실질적으로 적용하여 삶의 질을 높일 수 있도록 설계되었습니다. 이 계획을 통해 각 최적의 기간을 발견하고 그에 따른 향상된 능력을 사용하여 일상생활을 활력 있게 바꿀 수 있습니다.

28일 플랜은 다음과 같은 것들을 제공합니다.

- 각 단계에 내재된 강력한 경험, 잠재력, 기회에 대한 정보
- 최적의 기간의 체력, 정신력, 역량을 가장 잘 활용하는 방법
- 자기계발, 목표 달성, 업무 향상을 위한 일상적인 실천 행동
- 나에게 필요한 것을 지원하고 해당 단계를 잘 보내는 방법
- 최적의 기간에 맞지 않은 상황에서 도움이 되는 전략
- 잠재력을 완전히 발휘하도록 28일 플랜을 유연하게 적용하는 법

28일 플랜은 일일 집중 목표와 최적의 기간 정보를 알려주고 자기계발 행동, 목표 달성 행동, 업무 향상 행동을 제시합니다. 한 주기 동안 매일 셋 중 하나의 일일 행동에 집중하거나, 그날에 가장 잘 맞는 행동을 선택하면 됩니다.

먼저 셋 중 하나, 예를 들면 한 주기 동안 목표 달성 행동만 실천해보는 것이 좋습니다. 이렇게 하면 주기가 목표 달성에 어떤 영향을 주는지, 또 최적의 기간을 어떻게 활용해야 잠재력을 발휘할지 판단할 수 있습니다.

나에게 맞는 계획 세우는 법

28일 플랜은 매달 겪는 생리 주기에 대한 가이드라고 할 수 있습니다. 하지만 그 여정은 스스로 감당해야 하죠. 최적의 기간과 그에 따른 몸과 마음의 변화를 발견하려면 다음 세 가지가 필요합니다. 첫째, 각 단계의 경험을 비교해봐야 합니다. 둘째, 쉽게 해낼 수 있는 활동을 파악해야 합

니다. 셋째, 단계에 따라 능력이 변한다는 사실을 인정해야 합니다.

주기의 각 단계를 비교해보자

주기에 따른 변화를 인식하려면 단계별 능력들을 비교해봐야 합니다. 이를 위해 스스로에게 다음과 같은 질문을 던져보세요.

- 어떤 일이 더 쉽고 어떤 능력이 더 향상되며 나는 그것에 어떻게 접근하는가?
- 더 감정적으로 반응하고 공감 능력이 높아지는 단계는 언제인가? 또 언제 이타적인 성향이 높아지는가?
- 창의성과 문제 해결 능력이 정점에 이를 때가 있는가? 향상된 창의성을 어떻게 표현하는가?
- 어느 단계에서 복잡한 문제에 더 잘 대처하는가? 정신력이 가장 예리하고 멀티태스킹 능력이 가장 뛰어난 시기는 언제인가?
- 어느 단계에서 나를 더 잘 표현하는가? 또 의사소통 능력이 향상될 때는 언제인가?
- 언제 좌절감을 가장 크게 느끼는가? 각 단계의 어느 측면을 무시하고 있는가?

단계별 변화를 알아차리고 다음 최적의 기간으로 넘어갈 때 능력이 어떻게 변하는지 비교하면 나만의 능력 패턴을 발견할 수 있습니다.

28일 플랜을 실천해본 많은 여성이 자신의 경험과 28일 플랜이 잘 맞는지 일지를 써보니 좋았다고 말했습니다. 바쁜 일상에서 일지를 쓸 시간이 늘 있는 건 아니기에 이 책에서는 최적의 기간이 끝날 때마다 경험을 기록할 수 있도록 요약 코너를 마련했습니다. 이를 통해 날짜마다 고유한 경험을 알아차리고 네 번의 최적의 기간에 걸쳐 능력들을 더 쉽게 비교할 수 있을 거예요. 또한 이를 활용해 다음 달을 효율적으로 계획할 수 있습니다.

내가 할 수 있는 일에 주목하라

우리는 할 수 있는 일보다 할 수 없는 일에 주목하는 경향이 있으며, 이로 인해 생리 주기를 부정적으로 생각하고 좌절감이나 자기비판의 감정을 느끼곤 합니다. 하지만 각 단계에서 얻을 수 있는 선물들을 적극적으로 찾아내면 이를 창의적으로 활용할 수 있습니다.

각 단계마다 스스로에게 물어보세요. '나는 무엇을 쉽다고 생각하며 이 능력으로 무엇을 잘할 수 있을까? 인생에 어떤 변화를 주거나 원하는 목표를 이룰 수 있을까?' 아마 깜짝 놀랄 만한 대답이 나올 거예요. 그리고 그 대답은 새롭고 흥미로운 기회를 열어줄 것입니다.

> "생리 중에는 더 자신감 있고 정돈된 기분이 듭니다. 핵심을 더 쉽게 파악하고 적극적으로 행동하게 되죠. 난독증과 행동 부전Dyspraxia 때문에 평소에는 이런 일들이 정말 어렵거든요."
>
> — 폴리앤, 주택 관리 담당자(영국)

나의 능력이 변한다는 사실을 인정하라

나의 능력이 주기 동안 변한다는 사실을 인정하면 생리 주기에 맞서 싸우는 대신 최적의 기간에 맞춰 원하는 일에 집중할 수 있습니다. 많은 사람이 한 달 내내 능력을 일정하게 유지하려 합니다. 하지만 우리가 변화한다는 것을 인정하고 그에 맞춰 일하면 스트레스 없이 더 행복해질 수 있습니다. 또한 자기 자신은 물론이고 자기계발, 목표, 경력을 완전히 새로운 방식으로 바라볼 수 있죠. 하룻밤 사이에 세상을 바꿀 수는 없겠지만 생리 주기는 우리가 빛날 기회를 많이 선사해줍니다.

28일 플랜을 실천하고 나면
인생을 완전히 다른 눈으로 보게 된다!

28일 플랜에 대해 자주 묻는 질문

28일 플랜은 주기의 해당 날짜를 찾으면 바로 시작할 수 있습니다. 여기에서 말하는 1일 차는 생리 첫날에 해당됩니다.

28일 플랜을 시작하기에 가장 좋은 날은 역동적 단계의 첫날입니다. 즉 주기 7일 차에 계획을 시작하기를 추천하며, 지금이 며칠 차인지 모른다면 대략 추측해 시작해보세요. 해당 날짜의 내용이 현재 상황과 맞지 않는다면 더 잘 맞는 것 같은 날짜로 계획을 앞이나 뒤로 옮기면 됩니다.

28일 플랜을 실천한 후에는 나 자신과 인생에 대한 관점이 달라질 것입니다. 생리 주기와 새로운 관계를 맺으며 각 단계의 강력한 능력을 기대하게 될 테죠. 항상 존재해왔지만 여러분이 알아채고 잘 활용하기만을 기다렸던 능력 말입니다.

그렇다면 28일 플랜에 대해 여성들이 자주 묻는 질문을 살펴보겠습니다.

❶ 생리 주기가 규칙적이지 않은데 28일 플랜을 사용할 수 있을까요?

›› 네, 사용할 수 있습니다. 주기가 다르다면 최적의 기간을 계획에 명시된 날과 다른 날짜로 바꾸면 됩니다. 28일 플랜을 따라가면서 날짜별 내용이 현재 상황과 잘 맞는지 확인해보세요. 맞지 않는다면 앞쪽이나 뒤쪽 내용을 살펴보거나 며칠 전으로 돌아가서 잘 맞는 행동을 찾아보기 바랍니다.

❷ 28일 플랜 속 날짜와 능력이 저와 맞지 않는 것 같은데 혹시 문제가 있는 걸까요?

›› 아니요, 아무 문제도 없습니다! 여성마다 주기가 다를 수 있고, 또 종종 주기가 매달 달라지기도 합니다. 자연스러운 주기 내에서 창의적 단계가 1주일이 아니라 2주일일 수도 있고, 성찰적 단계가 3일에 불과할 수도 있어요.

이 책의 목적은 나만의 주기와 능력을 인식하고 최적의 기간을 잘 보낼 수 있게 돕는 것입니다. 이 계획을 시도해보고 나만의 고유한 주기를 찾아보는 쪽으로도 사용해보세요.

만약 창의적 단계가 2주일이라면 하루가 아닌 이틀 동안 한 가지 행동에 집중해보세요. 반면 성찰적 단계가 3일에 불과하다면 역동적 단계를 일찍 시작하세요. 나만의 주기와 능력을 알게 되면 언제 변화가 일어나는지 더 잘 파악해서 최적의 기간을 최대한 활용할 수 있습니다.

❸ 피임약을 복용 중인데(또는 자궁 적출술을 받았는데) 28일 플랜을 사용할 수 있을까요?

» 의학의 도움을 받든 그렇지 않든, 자궁이 있든 없든 호르몬 주기를 경험하고 있다면 28일 플랜을 사용하지 못할 이유가 없습니다. 언급된 내용과 경험이 살짝 다를 수는 있지만 나의 능력을 인식하고 최적의 기간을 발견하는 데 도움이 될 것입니다.

❹ 갱년기인데 28일 플랜을 사용해도 될까요, 아니면 너무 늦은 걸까요?

» 아니요, 너무 늦지 않았습니다. 28일 플랜은 갱년기 여성에게도 좋습니다. 물론 주기가 규칙적이지는 않겠지만 28일 플랜으로 능력의 변화를 인식하고 긍정적이고 실용적인 방법으로 활용할 수 있을 거예요. 성찰적 단계가 몇 주 지속된다면 인생을 진지하게 돌아보고 시간을 내어 중요한 것과 하고 싶은 것을 결정하면 됩니다. 반면 역동적 단계가 몇 달 지속된다면 어떤 일을 완수하거나 실현하기에 좋은 기회가 될 수 있습니다. 28

일 플랜으로 원하는 미래를 만들어보세요.

❺ 왜 7일 차에 계획을 시작하길 추천하나요?

» 7일 차는 역동적 단계의 시작으로 체력과 정신력이 증가하는 때입니다. 새로운 일을 벌이기에 가장 좋은 기간이라 28일 플랜을 시작하기에도 아주 좋죠.

❻ 현재 주기 어디쯤에 있는지 모를 때도 28일 플랜을 시작할 수 있나요?

» 네, 가능합니다. 현재 자신이 어느 단계에 있는지 짐작해서 명시된 내용과 내 상태가 맞는지 확인해보면 됩니다. 일치하지 않는다면 앞서 말한 대로 그 날짜에서 며칠 앞뒤를 살펴가며 찾아보세요.

❼ 생리 주기에 정말 네 가지 단계가 있나요?

» 이에 대한 답은 '예'이기도 하고, '아니오'이기도 합니다.

생리 주기는 배란과 생리라는 두 사건과 그 사이의 호르몬 변화를 기반으로 합니다. 또한 생리 주기에는 체력과 정신력이 복잡하게 흘러가며 타고난 능력이 점진적으로 변화합니다. 예를 들어 창의적 단계의 시작은 창의적 단계와 표현적 단계의 특성이 섞인 채로 나타나며, 이 단계가 끝날 무렵에는 창의적 단계와 성찰적 단계의 특성이 섞여 있을 가능성이 높습니다.

이렇게 혼합되어 나타나는 시기를 구분하기 위해 이 책에서는 주기 날짜들을 유사한 특성의 네 가지 단계, 즉 최적의 기간으로 묶었습니다. 이렇게 하면 주기 전반에 걸쳐 자신의 능력과 훨씬 쉽게 비교할 수 있죠.

❽ 능력과 감정을 바꾸는 요인은 주기뿐 아니라 다른 것들도 있지 않나요?

>> 그렇죠. 질병, 수면 부족, 시차, 약물과 알코올, 스트레스, 사랑, 운동 등 영향을 미치는 요인은 많습니다. 이러한 이유로도 몇 달 동안 능력과 감정이 어떻게 변하는지 기록해두면 패턴을 파악할 수 있어 유용할 것입니다.

❾ 어린 딸도 28일 플랜을 사용할 수 있나요?

>> 딸에게 28일 플랜을 소개하지 못할 이유가 없습니다. 오히려 우리의 경험을 젊은 세대와 공유하여 나만의 주기적 능력을 깨우칠 수 있게 하는 것이 중요합니다.

❿ 한 달 내내 창의적이라고 느낀다면 한 단계만 '창의적'이라고 할 수 없지 않나요?

>> 생리 주기 자체가 창의성의 형태가 변화하는 것을 의미합니다. 배란 전 단계에서는 새로운 행동을, 배란기에는 대인 관계를, 생리 전 단계에는 톡톡 튀는 아이디어를, 생리 중에는 내면과 깊은 유대감을 각각 창조할 수 있어요.

각 단계에 붙인 이름은 핵심 패턴을 요약한 것입니다. 즉 창의적 단계는 부정적인 생각과 영감을 주는 통찰력, 그리고 아이디어를 통해 현실을 바꾸려는 마음이 강해집니다. 어질러진 방을 청소하는 것일지라도 물리적인 무언가를 창조하고자 하는 충동이라고 볼 수 있어요.

⓫ 라이프 코칭(또는 비즈니스 코칭)을 받고 있는데 28일 플랜과 혹시 내용이 충돌할까요?

>> 아니요, 28일 플랜은 목표와 일정을 스스로 정하기 때문에 어떤 코칭과도 잘 어울립니다. 최적의 기간에 맞춰 기존 코칭을 조정할 수도 있고, 코치와 28일 플랜을 공유해 실행 계획을 조정해도 되지요. 최적의 기간과 능력을 알고 나면 무엇을 언제 성취해낼지 쉽게 파악할 수 있습니다.

⓬ 여러 가지 자기계발 방식을 실천하고 있는데 여기에 28일 플랜을 포함해도 되나요?

>> 물론입니다! 많은 여성이 이러한 방식으로 28일 플랜을 사용합니다. 28일 플랜은 자기계발의 출발점이며 고유한 주기와 능력에 맞게 조정할 수 있기 때문이죠. 어떤 자기계발 방식이든 최적의 기간에 맞추어 조정할 수 있지만 가능하면 특정 단계의 부정적인 면을 고치기보다 받아들여 활용하는 쪽이 좋습니다.

9

28일 플랜 실천하기

9

28일 플랜 개요

현재 머릿속에 떠오르거나 실천해야 할 자기계발 행동, 목표 달성 행동, 업무 향상 행동 목표를 적어보자.

역동적 단계

주기	자기계발 행동	목표 달성 행동	업무 향상 행동
7일 차 새로운 에너지	미완성 업무 따라잡기	목표를 위한 준비 작업	복잡한 문제와 정보 다루기
8일 차 계획과 분석	건강관리	한 달 계획 세우기	업무 상세 검토
9일 차 프로젝트 시작하기	첫걸음을 내딛기	'나'를 밀어붙이기	새로운 것 배우기
10일 차 개인 역량 강화	사고력 강화	성취감과 자신감 느끼기	'나'에게 집중하기
11일 차 긍정적인 믿음	긍정적인 확언	미래에 대한 믿음	좋아하는 일에 집중하기
12일 차 잘못 바로잡기	불공정한 상황에 나서기	연쇄 효과 상상하기	올바른 영웅이 되기
13일 차 표현적 단계 준비하기	소원했던 사람에게 연락하기	프로젝트 키워나가기	근무 환경을 즐겁게 바꾸기

표현적 단계

주기	자기계발 행동	목표 달성 행동	업무 향상 행동
14일 차 성공감과 자신감 쌓기	긍정적인 공상	성공에 대한 증거 만들기	성공 인식하기
15일 차 사람들과 소통하기	'나'를 받아들이기	다른 관점 찾기	타인의 요구 살피기
16일 차 감사한 마음 표현하기	현재 가진 것을 즐기기	살아있음에 감사하기	주변 사람에 고마움 표현하기
17일 차 타협과 균형	조화로운 공간 조성	상생하는 해결책 만들기	분쟁 해결 및 협상 참여
18일 차 설득과 인맥 만들기	사람들과의 적극적인 만남	도움을 줄 만한 곳에 연락하기	인맥 만들기
19일 차 아이디어 및 콘셉트 제안	지원 요청하기	꿈 설명회	아이디어 공유하기
20일 차 창의적 단계 준비하기	다음 주 계획하기	창의성이 필요한 곳 찾기	업무 환경 최적화하기

창의적 단계

주기	자기계발 행동	목표 달성 행동	업무 향상 행동
21일 차 창의성 발휘하기	2분간 창의적 휴식 시간 보내기	구체적인 것 만들어보기	창의적인 재능 발휘하기
22일 차 잠재의식에 씨앗 뿌리기	뇌에 검색어 던지기	주변에서 피드백 찾기	브레인스토밍
23일 차 간단한 일 선택하기	작은 행복으로 자존감 키우기	간단한 작업에 집중하기	사소한 일 처리하기
24일 차 성찰적 단계 준비하기	자유 시간 만들기	우선순위 정하기	일정 점검하기
25일 차 여유 부리기	속도 늦추기	현실적으로 생각하기	업무에 시간 더 할애하기
26일 차 불필요한 것 정리하기	감정 청소하기	접근 방식 검토하기	업무 공간 정리하기
27일 차 내면의 욕구에 귀 기울이기	나의 욕구에 귀 기울이기	근본적인 욕구에 집중하기	무엇도 개인적으로 받아들이지 않기

성찰적 단계

주기	자기계발 행동	목표 달성 행동	업무 향상 행동
28일 차 또는 1일 차 명상과 휴식	명상하기	휴식하기	활기찬 시간 최대한 활용하기
2일 차 진정한 자아와 교감하기	마음의 짐 내려놓기	성취감 재발견하기	핵심 가치 작성하기
3일 차 진짜 우선순위 발견하기	'해야 한다'를 '할 수 있다'로 바꾸기	'해야 할 일' 목록 정리하기	스트레스 요인 파악하기
4일 차 저항감 내려놓기	기대 내려놓기	저항 발견하기	새로운 방향 모색하기
5일 차 검토하기	개인적인 문제 성찰하기	목표 점검하기	큰 그림 파악하기
6일 차 역동적 단계 준비하기	모험 선택하기	목표 설정	에너지 집중하기

역동적 단계

7일 차

새로운 에너지를 위한 날

새로운 달의 시작인 역동적 단계에 온 것을 환영합니다. 우리는 매달 이전 달의 경험과 성과를 바탕으로 무언가를 쌓아올릴 수도 있고, 바라던 대로 되지 않은 감정적인 짐, 행동, 기대를 뒤로하고 새롭게 시작할 수도 있습니다.

역동적 단계는 봄과 같습니다. 새로운 아이디어라는 씨앗에 영양분과 물을 주어서 파릇파릇한 새싹으로 자라도록 돕는 시기죠. 이후 표현적 단계에서는 성장을 촉진해 열매를 수확하고, 창의적 단계에서는 죽은 가지를 잘라내고, 그다음 성찰적 단계에서는 어떤 씨앗을 새로 심을지 결정하게 됩니다.

•자기계발 행동: 미완성 업무 따라잡기

새로운 역동적 에너지를 즐기면서 이 시간을 활용해 일을 처리해보세요. 주기 3일 차에 작성한 '해야 할 일' 목록을 살펴보거나, 이제 막 계획을 시작했다면 지난달에 완료하지 못한 일과 이번 달에 완료하고 싶은 일들을 나열해보는 겁니다. 이번 주에 몇 가지나 달성할 수 있을까요?

몇 달 또는 몇 년 동안 미뤄둔 일도 시작해보세요. 활력이 높기 때문에 짧은 시간에 좋은 성과를 거두고 그동안 가지고 있던 스트레스와 죄책감을 덜 수 있을 것입니다.

• 목표 달성 행동: 목표를 위한 준비 작업

체력이 증가할 뿐만 아니라 생각도 점점 더 예리하고 빨라지기 때문에 마음 훈련도 시작해보기 바랍니다. 이 시기는 목표 달성을 위해 이번 달에 해야 할 행동을 결정하기에 가장 좋은 기간입니다. 자기계발서를 읽고 관련 정보를 찾아보며 어떻게 접근할지 생각해보세요. 또한 신경언어 프로그래밍(NLP) 같은 목표 달성 방법을 시도해보고 성공한 사람들의 방법을 따라 할 수 있을지 고민해보기 바랍니다(111쪽 내용 참조).

• 업무 향상 행동: 복잡한 문제와 정보 다루기

역동적 단계에서는 목표와 성과에 집중하다 보면 사람들의 의견에 잘 공감하지 못할 수 있습니다. 행동과 말이 지나치게 한쪽으로 치우치거나 심지어 공격적이고 독단적으로 보일 수도 있죠. 하지만 이 시기는 실용적인 분석과 계획 정립에 좋습니다.

그러니 이날은 혼자만의 시간을 마련해서 복잡한 디테일, 다양성, 타이밍, 계획, 구조와 관련된 문제를 고민해보세요. 다만 사람들에게 아이디어를 소개하기 전에 혼자 먼저 연습해보세요. 아이디어가 떠오르는 순간과 그 아이디어를 공유하는 순간 사이에 여유 시간을 약간 두면 생각의 속도가 느려져서 인내심을 가지고 잘 설명할 수 있습니다.

역동적 단계

8일 차

계획과 분석을 위한 날

역동적 단계에서는 전체적인 관점을 유지하면서 디테일에 집중할 수 있습니다. 따라서 이날은 기존의 장단기 계획을 점검하고 새로운 계획을 세우기에도 좋은 시간입니다.

성찰적 단계에서 자신에게 무엇이 중요하고 어느 방향으로 나아가야 할지 깨달아 최우선 목표를 정했다면 역동적 단계에서는 목표 달성을 위한 단계를 장기적으로 밟아나가면 됩니다. 그리고 이날 해야 할 일을 시작으로 여러 작업으로 세분화할 수 있습니다.

역동적 단계에서는 마감일과 해야 할 일을 고려하여 목표가 실현 가능한지 분석할 수 있습니다. 이 단계만의 강력한 분석력과 추론 능력을 활용한다면 해야 할 일을 이성적으로 정리할 수 있어요. 또한 전체적인 진행 상황을 살펴보고 목표를 월, 주, 일 단위로 나누어 실천할 수 있습니다.

•자기계발 행동: 건강관리

창의적 단계와 성찰적 단계에서는 외출, 신체 활동, 건강한 생활 방식에 관심이 사라질 수 있습니다. 하지만 역동적 단계에서는 의욕적으로 다이어트를 다시 시작하고, 다음 몇 주간의 식단표를 세울 수 있죠. 체중은 한 달에 한 번만 재는 게 나은데, 가능하면 이날 재면 좋습니다. 측정 결과가 어떻든 긍정적으로 받아들일 수 있거든요.

나에게 맞춘 계획으로 매일 운동을 더 많이 하거나 새로운 운동을 시작할 수 있을지 알아보세요. 이날 계획하면 체력이 떨어지는 단계에도 건강을 유지할 수 있습니다. 이외에도 새로운 것을 배우려는 마음의 준비가 되어 있기 때문에 자기계발서를 읽거나 워크숍 또는 수업에 참석해도 좋습니다.

•목표 달성 행동: 한 달 계획 세우기

이제 막 계획을 시작했다면 이날의 예리한 정신력으로 이번 달의 목표와 해야 할 일들을 정해 실행 계획을 세워보세요. 이미 한 달 동안 28일 플랜을 실천해보았다면 성찰적 단계에서 목표를 감정적으로 충분히 검토해보았을 텐데요. 이날은 역동적 단계를 활용해 목표를 실질적으로 따져보고 일정을 계획할 수 있습니다. 지난달의 목표에서 바뀌었거나 완료하지 못한 점 또는 바꾼 일정 등을 고려해봐도 좋습니다.

일일 계획과 할 일 목록을 통해 각 작업을 수행하기에 가장 좋은 기간을 정해보세요. 당연히 최적의 기간에 맞춰 늘 움직일 수는 없지만 향상된 능력에 맞춰 작업할 수 없을 뿐 아예 완수하지 못한다는 건 아닙니다.

•업무 향상 행동: 업무 상세 검토

역동적 단계에서는 분석 능력이 향상되므로 현재 프로젝트를 검토하고 일정, 중요 단계, 마감일을 업데이트하기에 가장 좋습니다. 서류 정리, 보고서 작성 같은 일을 하거나 효율적인 업무 방법을 설계해보세요. 또한 정신력이 향상되었다는 건 디테일에 집중하는 능력도 향상되었다는 뜻입니다. 따라서 이 시기에 계약서를 꼼꼼히 확인하고, 재무 제안서를 작성하고, 복잡한 문서를 읽어보세요.

역동적 단계

9일 차

프로젝트를 시작하는 날

앞서 말한 대로 프로젝트를 시작하기에 가장 좋은 시기는 자신감과 에너지가 넘치는 역동적 단계입니다. 역동적 단계에서는 일을 시작하는 데 필요한 능력들이 높아집니다. 즉 의욕이 넘치고, 자기 능력에 자신감이 붙고, 정신력이 날카로워지고, 체력이 강해지죠. 그래서 많은 여성이 한 달 내내 이런 상태이길 바라지만 역동적 단계는 표현적 단계의 꾸준한 관심, 창의적 단계의 영감, 성찰적 단계의 지혜가 부족합니다.

•자기계발 행동: 첫걸음을 내딛기

지금은 새로운 프로젝트를 시작하기에 가장 좋은 기간입니다. 이날의 열정과 추진력으로 첫걸음을 내디뎌보세요. '천 리 길도 한 걸음부터'라는 말이 있듯이 지금 바로 행동해야 합니다.

현재 진행 중인 프로젝트를 살펴보고 역동적 단계를 활용해 프로젝트에 다시 활력을 불어넣거나 다음 단계를 시작해보세요. 흡연량을 줄이고 있다면 더 많이 줄이거나, 헬스장으로 운동을 다닌다면 운동 시간이나 횟수를 더 늘려보는 것입니다. 기존 프로젝트에 활력을 불어넣고 새로운 프로젝트를 시작할 수 있는 좋은 기회를 놓치지 마세요.

• 목표 달성 행동: '나'를 밀어붙이기

여러분이 8일 차에 세운 계획과 할 일 목록을 실행에 옮겨보세요. 역동적 단계의 멀티태스킹 능력과 체력이 여러분을 뒷받침해줄 것입니다. 집중력과 추진력이 높아지면 주변 사람들이 약간의 거리감을 느낄 수도 있습니다. 그러면 추진력이 가장 좋은 주간이라 미뤄둔 업무를 처리하거나 프로젝트를 진행하는 데 전념하고 있다고 설명해주세요.

• 업무 향상 행동: 새로운 것 배우기

역동적 단계는 새로운 것을 배우는 능력이 향상되므로 읽어야 했던 설명서를 살펴보거나 업무 관련 강좌를 듣거나, 누군가에게 뭔가를 하는 방법을 알려 달라고 요청하면 좋습니다. 다음 달 계획을 세울 때 이날 학습 시간을 할당해보세요.

하지만 역동적 단계는 팀워크에 적합한 시기는 아니므로 일대일 강좌나 책 또는 컴퓨터를 활용해 학습하는 편이 좋습니다. 평소에는 너무 복잡해서 배우기 어렵다고 생각했던 주제를 선택해보세요. 이 시기에는 깜짝 놀랄 만큼 빨리 습득할 것입니다.

역동적 단계

10일 차

개인 역량을 강화하는 날

역동적 단계는 온전히 나에게 집중해 자존감을 느끼고 의지를 북돋을 수 있는 가장 좋은 시기입니다. 따라서 이날에는 나의 욕구와 꿈을 확인하고 시간과 노력을 들여 이를 표현할 수 있지요. 자기중심적인 태도로 내게 필요한 것들을 최우선으로 고려하게 되는데, 이런 모습을 받아들여야 창의적 단계로 자연스럽게 넘어갈 수 있습니다.

많은 여성이 '좋은 사람'이 되려면 항상 나보다 타인을 배려해야 한다고 믿으며 자랐기 때문에 한 달에 한 번 자존감과 자부심을 재충전할 특별한 기회를 꼭 가져야 합니다. 이 시간을 나를 위해 보내야 남은 한 달 동안 타인을 배려하는 힘을 얻을 수 있습니다.

•자기계발 행동: 사고력 강화

이날 경험하는 긍정적인 사고력을 적극적으로 활용하면 원하는 것을 이룰 수 있습니다. 더 많은 것을 이루고 싶다면 이미 가지고 있는 것에 생각을 집중하여 행복과 감사라는 긍정적인 감정을 느껴보세요. 이 감정으로 원하는 것을 더 많이 끌어당길 수 있습니다. 넘치는 힘과 행복감, 그리고 감사하는 기분을 느껴보세요. 여러분은 그럴 만한 가치가 있습니다.

• 목표 달성 행동: 성취감과 자신감 느끼기

역동적 단계는 앵커링이라는 신경 언어 프로그래밍 기법을 사용하기에 가장 좋은 기간입니다. 앞서 소개했듯이 앵커링이란 긍정적인 감정을 불러일으키는 상황을 재현하거나 상상하고, 박수를 치거나 손가락을 튕기는 등 신체적 트리거를 사용해 그 감정을 고정하는 것을 말합니다. 나중에 이 트리거를 사용해 긍정적인 생각과 믿음을 되살릴 수 있습니다.

성취감과 자신감이 넘치던 행복한 기억을 떠올리거나 터무니없는 상황을 가능한 한 생생하게 상상해보세요. 색상은 환하고 감정은 강렬하고 소리는 강하게 연출하세요. 강력한 경험을 만들었으면 신체적 트리거를 실행하고 그다음에 지루하고 일상적인 것을 떠올려보세요. 이제 이 과정을 두 번 더 반복하여 감정을 신체적 트리거에 고정하면 됩니다. 이 최적의 기간에 앵커링을 설정하면 다른 단계에서 훨씬 강력한 결과를 얻을 수 있습니다.

• 업무 향상 행동: '나'에게 집중하기

직장에서는 팀원으로서 일해야 할 때가 많죠. 팀은 구성원 개개인의 감정과 요구를 충족할 때 원활히 작동합니다. 그러니 이날은 나 자신에게 집중해보세요. 업무 성과도 좋아지고 직장도 즐겁게 다니려면 무얼 해야 하는지 고민해보는 겁니다. 어떻게 하면 업무에 필요한 것을 얻을 수 있을까요? 또 직장에서 도움을 받으려면 누구에게 다가가야 할까요?

그리고 사람들에게 도움을 요청해야 한다면 표현적 단계에 해당하는 19일 차까지 기다려보세요. 표현적 단계에서는 자기비판 없이 타인의 반응을 더 잘 받아들일 수 있습니다.

역동적 단계

11일 차

긍정적인 믿음을 위한 날

역동적 단계에서는 나 자신이나 미래, 특정 상황을 긍정적으로 더 잘 받아들일 수 있으며 긍정적인 확언을 사용하면 더욱 효과적입니다. 즉 역동적 단계는 긍정적인 사고 연습을 통해 자신의 능력을 더욱 믿고 꿈을 인정하며 자신감을 키워나갈 수 있는 최적의 기간입니다. 한달에 한 번씩 이렇게 생각하는 연습을 하면 내면 깊이 영향력을 끌어낼 수 있으며, 나중에 창의적 단계 및 성찰적 단계에서 외부 요인으로 마음이 힘들어질 때 자신감을 느낄 수 있습니다.

•자기계발 행동: 긍정적인 확언

역동적 단계는 자기계발과 욕구 실현을 위해 긍정적인 확언을 사용하기에 가장 좋은 기간입니다. 긍정적인 확언은 이미 원하는 결과가 나온 듯이 건설적인 문장으로 표현하는 것을 의미합니다. 예를 들어 '나는 점점 더 행복해지고 성취감을 느끼고 있다', '나는 어떤 목표든 쉽게 해내고 있다', '나는 점점 더 풍족하게 살고 있다', '나는 성공하고 있다', '내 삶은 흥미로운 기회로 가득 채워지고 있다', '나는 매일 자신감이 커지고 있다' 등이죠.

이번 달에 사용할 확언 하나를 정해서 종이 여러 장에 적어보세요. 그리고 확언을 눈에 잘 띄는 곳에 붙여두고 매일 몇 분씩 큰 소리로 반복해 그 말 뒤에 숨겨진 감정을 느껴보기 바랍니다. 한 달에 한 번씩 주어지는 이 기회를 놓치지 말고 자신감을 충전해보세요.

•목표 달성 행동: 미래에 대한 믿음

이날 잠시 시간을 내어 목표를 이룬 나의 모습을 상상해보세요. 어떤 기분이 드나요? 현재의 삶과 무엇이 달라졌나요? 여러분의 삶 속에 누가 있나요? 목표를 이룬 후의 아침도 상상해보세요. 아침에 일어나면 기분이 어떨 것 같나요? 낮에는 무엇을 할 것 같나요? 누구를 만나고 어디로 갈까요? 밤에 잠자리에 들 때 어떤 기분이 들 것 같나요?

언젠가 겪은 좋은 날에 대한 기억처럼 가능한 한 밝고 생생하게 상상해야 합니다. 이 멋진 기분을 만끽해보세요. 나 자신과 목표를 기분 좋게 받아들이고 마음속에 떠오르는 이미지와 긍정적인 감정을 실현해보는 겁니다.

•업무 향상 행동: 좋아하는 일에 집중하기

하루 일과가 단조로운 업무에 치우치면 일을 시작했을 때의 열정, 자신감, 활력을 잃을 수 있습니다. 역동적 단계는 자신감을 높이고 업무에 대한 긍정적인 감정을 강화하여 열정을 되살리게 해줍니다.

여러분의 업무를 살펴보고 그중 좋아하는 일과 성취감을 주는 일에 집중해보세요. 자신이 잘하는 것과 알고 있는 지식을 떠올리며 놀랍도록 달라지는 자신감을 경험해보기 바랍니다. 이날은 자기 자신과 지금 하고 있는 일을 믿으며 긍정적인 감정을 즐겨보세요.

역동적 단계

12일 차

잘못을 바로잡는 날

역동적 단계에서는 '옳다'와 '그르다'에 예민해져 옳다고 느끼는 일을 위해 싸우는 것이 중요해집니다. 나의 일뿐만 아니라 사회 전반에서 발견되는 불의에 싸우는 것도 중요하게 여기죠. 우리는 훨씬 더 단호만 마음으로 공정성과 사회를 위해 나설 수 있습니다. 이날은 시민운동가이자 불공정을 지적하는 민원인, 피해자의 변호인이 될 수 있어요.

도덕적인 입장을 취하고 원칙에 따른다면 감정에 따른 행동은 긍정적인 영향력을 불러올 것입니다. 하지만 이날을 신중하게 보내지 않으면 위압적이고 공격적으로 행동할 수 있어요. 잘못된 상황을 바로잡겠다며 타인의 감정을 거칠게 짓밟을 수 있는 겁니다. 따라서 주의해야 합니다.

•자기계발 행동: 불공정한 상황에 나서기

일상생활에서 무엇이 옳고 그른지 생각해보세요. 나의 자아, 나의 생각, 내가 정한 경계, 그리고 내가 생각한 정의에 대해 어디서 확신을 얻었나요? 분석적이고 건설적인 정신력을 활용하여 문제를 해결하고 상황을 올바르게 만들 방법을 찾아보세요.

또한 지난 한 달 동안 사람들을 공정하게 대했는지 되짚어보세요. 여러분의 행동이 여러분과 상대방 모두에게 도움이 되었나요? 나를 위해서만 나서면 안 됩니다. 그리고 어떻게 해야 변화가 일어날지 생각해보세요. 역동적 단계는 프로젝트를 시작하고, 캠페인을 계획하고, 청원서를 작성하고, 디테일에 집중하기에 좋은 시기이기 때문입니다.

• 목표 달성 행동: 연쇄 효과 상상하기

의욕을 내는 데 도움이 되는 방법 중 하나는 목표가 나뿐 아니라 타인에게도 '옳은지' 생각해보는 것입니다. 많은 사람이 무의식중에 자기 자신을 '이기적'이라고 생각하면서 목표를 의심하곤 합니다. 하지만 나의 행복, 경제적 안정, 건강, 성공이 사람들에게도 도움이 된다는 사실을 알면 목표 달성이 진정으로 가치 있게 느껴질 거예요.

세워놓은 목표에 이타성이 있는지 되짚어보세요. 목표를 이루었을 때 주변 사람들이 긍정적인 영향을 받을까요? 목표를 이루면 사람들에게 어떤 혜택이 돌아갈까요? 상상할 수 있는 이점을 간단히 메모한 다음 떠오를 때마다 목록에 추가해보기 바랍니다.

• 업무 향상 행동: 올바른 영웅이 되기

업무에 대해 무엇이 옳고 그르다고 느끼나요? 동료들이 공정하고 정중한 대우를 받고 있나요? 소통 창구는 잘 작동하나요? 동료, 고객 또는 거래처에 충분히 지원해주고 있나요? 현재 소속된 회사/조직이 공정하게 운영되나요? 그곳의 이념은 여러분의 윤리적 가치와 일치하나요?

지금 떠오르는 문제들을 해결하고자 행동하기로 결정했다면 사람들에게 동의를 구해야 합니다. '오늘 하루를 구하기 위해' 급하게 달려드는 영웅은 오히려 위험해 보일 수 있으니까요.

역동적 단계

13일 차

표현적 단계를 준비하는 날

역동적 단계에서 표현적 단계로 넘어가면 자신에게 덜 집중하면서 의욕도 사라집니다. 타인의 필요와 유대감을 다른 때보다 중요하게 생각하는 것이죠. 또한 공감 능력이 향상되어 관대해지고 사람들의 감정을 잘 이해할 수 있게 됩니다. 역동적 단계에서는 새로운 아이디어와 프로젝트를 실행하지만, 표현적 단계에서는 시작한 프로젝트를 지원하는 쪽으로 변화합니다. 따라서 이날은 표현적 단계에 앞서 어떤 프로젝트를 어떻게 성장시켜야 할지 직관적으로 파악하면 좋습니다.

특히 이날은 창의성이 실용적이고 직접적이며 감정적인 형태로 바뀝니다. 이런 날을 낭비하지 말고 여러분에게 도움이 되는 환경을 만들고 마음이 가는 대로 창의성을 발휘해보세요.

•자기계발 행동: 소원했던 사람에게 연락하기

한동안 연락하지 않았거나 최근에 만나지 못했던 사람들을 적어보세요. 표현적 단계에서는 생각보다 많은 사람을 도울 수 있는 정서적 힘과 안정감을 가지게 됩니다. 그러니 다음 주에는 누군가에게 '손을 내밀고 연락하기'에 몰두해보세요. 주변에 특히 관심을 보여야 할 사람이 있나요? 어쩌면 여러분은 역동적 단계에 있는 동안 그 사람들을 소홀히 대했을지도 모릅니다.

•목표 달성 행동: 프로젝트 키워나가기

현재 정체되었거나 경로에서 벗어난 프로젝트가 있는지 살펴보세요. 그리고 어떻게 하면 그 프로젝트를 지원하거나 긍정적인 추진력을 불러일으킬지 생각해보세요. 프로젝트와 목표는 관심을 꾸준히 기울이지 않으면 시간이 지날수록 시들해질 수 있습니다. 따라서 시간과 노력을 더 많이 들여서 정기적으로 살펴야 합니다.

•업무 향상 행동: 근무 환경을 즐겁게 바꾸기

직장은 하루 중 많은 시간을 보내는 곳이며, 어떻게 느끼는지에 따라 업무 능률에 영향을 미치죠. 하루 중 많은 시간을 보내는 공간을 둘러보세요. 어떻게 해야 그 공간에서 힘이 더 나고 편안하고 아늑한 느낌이 들까요? 식물과 같은 간단한 것도 도움이 될 수 있습니다.

바꿀 수 없는 공간에서 일하거나 업무상 외근이 잦다면 옷, 가방, 서류 등으로 자신을 표현할 수 있지 않을까요? 다음 주에 입을 옷을 미리 고르거나 근무 환경을 즐겁게 바꿔보세요.

역동적 단계 요약

다음 질문에 답하며 역동적 단계의 경험을 평가해보자.

1. 역동적 단계를 어떻게 경험했는가? 또 성찰적 단계와 비교했을 때 어떤 기분이 들었는가?

신체적으로	
감정적으로	
정신적으로	

2. 어느 날짜의 내용이 개인적인 경험과 잘 맞았는가?

3. 이전 단계에 비해 이번 단계에서 향상되거나 수월해진 능력이 있는가?

4. 이번 달에 향상된 능력을 실제로 어떻게 적용했는가?

5. 다음 달에 최적의 기간 능력을 어떻게 활용할 계획인가?

6. 이 단계에서 나 자신에 대해 발견한 흥미로운 사실이 있는가?

맞춤형 계획 짜기

아래 표를 작성하고 다음 달에 향상된 능력을 최대한 활용할 수 있게 계획을 세워보자. (최적의 기간 능력에 따라 주기 날짜를 나열하면 28일 플랜을 나에게 맞춰 새로 짤 수 있다.)

역동적 단계		
		을(를) 위한 최적의 기간
주기 일수	최적의 기간 행동	다음 달을 위해 계획한 일

표현적 단계

14일 차

성공감과 자신감을 쌓는 날

표현적 단계에 온 것을 환영합니다. 우리는 이 단계에서 성공감을 쌓고, 보완적인 관계를 형성하며, 아이디어를 세상에 표현할 수 있습니다.

우리는 종종 주어진 많은 일을 끝내고 지쳐 쓰러지기 전에 느끼는 만족감만 성공이라고 생각합니다. 성공의 실체가 무엇인지 놓친 채 성공을 인생의 획기적인 사건으로만 정의하는 경우가 많아서 스스로 불행하고 무기력하다고 느끼거나 성취감으로 동력을 얻지도 못하죠. 그러니 매달 성공의 기준선을 정하고 성공했다는 증거를 모아서 자신감과 자존감을 느껴보세요. 시간을 들여 성과를 곱씹어보면 자기 자신을 긍정적으로 바라보고 세상에 스스로를 능동적으로 표현할 수 있습니다.

표현적 단계는 매우 감정 중심적이기 때문에 다른 단계보다 긍정적인 성공감을 쉽게 만들 수 있습니다. 잠재의식은 현실과 상상을 구분하지 못하기 때문에 상상의 성공을 현실처럼 느끼기도 하고 과거의 실패를 긍정적으로 해석해 동기를 강화하기도 합니다.

•자기계발 행동: 긍정적인 공상

여러분이 성공하는 가상의 사건을 만들거나 과거의 일을 마음속에서 재구성해보세요. 상상력을 발휘해 재미있고 생생하게 구성하여, 밝은색 배경에서 질감을 느끼고 소리를 들어보세요. 머릿속에 떠오르는 이러한 기억과 감정을 미래로 가져갈 수 있습니다. 성취감과 행복감으로 절묘한 즐거움을 느끼고 삶에 긍정적인 공상의 힘을 불어넣어보세요.

•목표 달성 행동: 성공에 대한 증거 만들기

긍정적인 확언은 표현적 단계에서 효과적으로 사용할 수 있습니다. 특히 문장 끝에 '왜냐하면'이라는 말을 추가하면 효과가 더욱 강력해집니다. 예를 들어 '나는 성공한 것 같다. 왜냐하면…'처럼 확언에 이전의 성공을 감정적 증거로 덧붙일 수 있습니다. 또한 '나는 사랑한다'라는 말을 추가하여 확언에 감동을 더할 수도 있지요. 예를 들어 '나는 여윳돈이 있는 내 삶을 사랑한다'와 같이 확언을 사용하는 것입니다.

이날의 잠재의식은 긍정적인 감정을 실존하는 증거로 더 잘 받아들입니다. 확언에 긍정적인 감정을 추가하면 머릿속에 잘 고정됩니다. 이렇게 해서 여러분이 성공했다고 느끼면 앞으로 다가올 도전에서 목표를 이룰 동기와 내면의 힘이 더 커질 것입니다.

•업무 향상 행동: 성공 인식하기

이날에는 '나는 직장에서 무엇을 얻었고 회사/동료/고객/거래처를 어떻게 도왔는가?'라는 질문에 답해보세요. 타인에게 베푼 작은 배려처럼 성공에서 종종 제외하는 일상 속 작은 성취에도 집중해보세요. 해야 했던 일, 하기 싫었던 일을 완수한 것도 성공으로 볼 수 있습니다.

이 과정을 통해 그저 지루해 보이던 일도 성취감으로 가득 찬 일로 바꿀 수 있습니다. 나 자신에게 성공했다는 것을 증명함으로써 동기와 열정을 즉시 강화해보세요.

표현적 단계

15일 차

사람들과 소통하기 좋은 날

표현적 단계는 주변 사람들을 파악하기에 최적의 기간입니다. 이 단계의 배려심과 이타심 덕분에 타인의 의견이나 태도에 과민 반응하거나 거부감을 느낄 가능성이 적죠. 또한 의사소통을 잘하고, 타인의 의견을 존중하며 적극적으로 경청하는 능력이 자연스럽게 발달합니다.

단순히 하던 일을 잠시 멈추고 상대방에게 시선을 돌려 주의를 기울이기만 해도 긍정적인 관계를 형성할 수 있습니다. 또한 사람들에게 나와 더 잘 지내려면 무엇이 필요한지, 또 그들을 어떻게 도울 수 있는지 물어볼 수 있습니다. 창의적 단계에서는 사람들의 의견을 개인적인 요구로 받아들이기 쉽고, 역동적 단계에서는 행동 지향적이고 공감 능력이 떨어지는 편입니다. 하지만 표현적 단계에서는 의사소통이 긍정적으로 잘 이루어져서 나의 견해보다는 다른 사람의 견해를 들어주게 됩니다.

•자기계발 행동: '나'를 받아들이기

사람들을 도우려면 나를 먼저 지지해줘야 합니다. 표현적 단계의 '어머니 같은' 긍정적인 감정을 나를 좋게 받아들이는 데 사용해보세요. 많은 여성이 내면의 '나'와 대화하는 것을 자신을 비판하는 용도로 사용하지만 표현적 단계의 '내면의 어머니'는 나를 무조건 인정하면서 사랑의 감정을 다시 느끼게 합니다.

오늘은 다음과 같은 확언을 사용해 무엇이든 될 수 있다고 자기 자신에게 허락해보세요. '나는 (　)해질 수 있다'의 괄호에 '아름답다', '성공하다', '행복하다', '사랑스럽다' 등 확신, 성장, 수용의 감정을 덧붙여보는 겁니다. 이 확언을 표현적 단계 내내 사용해도 좋습니다.

• 목표 달성 행동: 다른 관점 찾기

표현적 단계는 사람들에게 여러분의 목표와 진행 사항을 물어보기에 가장 좋은 시기입니다. 사람들의 의견을 비판으로 해석하지 않고 받아들일 수 있거든요. 여러분의 목표에 대해 제3의 관점을 제시해줄 사람을 찾아보세요. 친한 친구의 개인적인 조언도 좋고, 그 분야의 전문가에게 듣는 특별한 조언도 좋습니다. 그들에게 어떤 피드백을 원하는지 구체적으로 말하되 정체되거나 불확실한 부분에 집중하세요. 사람들의 말에 반응하다 보면 여러분이 그 상황을 어떻게 느끼는지 명확해질 때가 많습니다.

• 업무 향상 행동: 타인의 요구 살피기

이 시기는 업무 관계를 검토하고 업무 및 직원 평가에 참여하기에 좋습니다. 동료나 직원들에게 업무에 대해 묻고 업무 환경 개선이나 만족도 향상을 위해 무엇을 바꿔야 좋을지 물어보세요. 또 개인적인 대화를 통해 동료와 상사가 여러분에게 무엇을 원하는지 알아보세요. 평소에는 비판같이 들리던 말도 이 단계에서는 상대방의 관점을 더 잘 이해하면서 공격이 아닌 조언으로 받아들일 가능성이 큽니다. 또한 상대방의 의견 뒤에 숨겨진 요구와 감정을 더 잘 알아챌 수 있어요.

표현적 단계

16일 차

감사한 마음을 표현하는 날

표현적 단계에서 개인적인 행복은 사랑, 인정, 감사, 배려의 감정을 표현하는 것과 관련됩니다. 아는 사람뿐만 아니라 낯선 사람, 공동체와의 관계에서 비롯되는 행복이 중요하게 다가오는 것이지요. 창의적 단계에서는 타인의 의견에 휘둘릴 수 있지만 표현적 단계에서는 타고난 공감 능력과 내면의 힘 덕분에 나 자신을 도울 수 있습니다.

나를 돕는 행동 중 하나는 감사를 표현하는 것입니다. 예컨대 동료에 대한 감사는 더 나은 관계를 구축하고 의욕을 내게 해줍니다. 그동안 받은 도움이나 그 동료와 함께하는 것만으로도 감사한다면 그들과 오래 잘 지낼 수 있습니다.

•자기계발 행동: 현재 가진 것을 즐기기

이날은 인생을 그저 즐겨보세요. 지금 누리고 있는 경험, 사람, 장소, 물건 등에 행복과 감사를 느껴보는 겁니다. 자연을 바라보고 세상을 즐길 수 있음에 감사하고, 또 단순히 살아있음을 즐겨보세요. '인생을 통틀어 나는 무엇을 사랑할까?'라는 질문을 스스로에게 던져보세요. 사랑하는 것을 즐기다 보면 좋은 것들을 더 끌어당길 수 있습니다.

• 목표 달성 행동: 살아있음에 감사하기

목표를 향해 달려가다 보면 미래의 행복한 시점에 너무 집중해 그 여정을 살아가고 있다는 사실조차 잊게 됩니다. 내가 어디에서 왔는지, 얼마나 멀리 왔는지, 지금 걷고 있는 길이 얼마나 아름다운지 잠시 멈춰서 주변을 둘러보질 못하는 것이죠. 목표를 향한 여정을 즐기고, 또 그 여정이 나를 풍요롭게 한다는 사실을 인식하면 벽에 부딪쳐도 계속 나아갈 수 있습니다.

목표 달성을 위한 행동을 잠시 내려놓고 목표가 알아서 발전되게 여지를 둬보세요. 미래의 성공도 잠시 잊고 이날은 여정 위에 서 있다는 사실에 감사함을 느껴보세요. 이렇게 자유를 주면 의외의 결과를 얻을 수도 있습니다.

• 업무 향상 행동: 주변 사람에 고마움 표현하기

직장에서 누가 일을 잘하며, 또 누가 여러분의 일을 도와주었나요? 팀이나 단체에 소속되어 있다면 어떤 구성원이 노력에 비해 충분히 인정받지 못하는지 찾아보세요. 그다음 감사를 표현할 방법을 생각해보세요. 간단한 감사 카드부터 월 단위 팀 포상까지 다양한 방법이 있을 겁니다.

표현적 단계

17일 차

타협과 균형을 위한 날

표현적 단계는 분쟁을 중재하고 상생할 수 있는 환경을 조성하며 타협과 균형을 만들기에 가장 좋은 기간입니다. 즉 공정한 중재자로서 사람들의 행동, 감정, 언어에 영향을 미치는 근본 원인을 이해할 수 있지요. 또한 표현적 단계의 능력으로 내 의견을 충분히 드러내서 '독창적인' 해결책, 분쟁의 돌파구, 사람들의 태도 변화, 색다른 아이디어를 촉발할 수도 있습니다.

•자기계발 행동: 조화로운 공간 조성

주위를 둘러보며 조화와 균형에 집중해보고 이 공간에서 무엇이 불편한지 스스로 질문해보세요. 공간이 조화롭게 느껴지나요? 사람들은 공간을 균형 있게 사용하고 있나요? 조화를 위한 작은 변화를 하나 선택해 지금 바로 실행해보기 바랍니다.

•목표 달성 행동: 상생하는 해결책 만들기

목표를 향해 노력하다 보면 타인의 결정과 행동에 따라 결과가 달라지기도 합니다. 상대방의 반대와 방해가 있다면 여러분의 필요에 맞게 해결책을 조정하고 상대방을 설득해보세요. 그리하여 상생하는 상황을 만들어 원하는 결과를 얻는 겁니다.

이러한 것이 가능한 이유는 표현적 단계에서 상대방의 태도와 요구를 이해하는 데 필요한 능력이 생기기 때문입니다. 현재 누가 여러분의 목표를 방해하거나 늦추고 있나요? 그들이 그러는 데는 어떤 이유가 숨어 있을까요? 양측 모두 이득을 볼 수 있는 상황을 생각해보고 관련된 사람들에게 제안해보세요. 무엇이 필요한지 물어보되 유연하게 대처하거나 여러분의 기대를 바꿀 마음의 준비를 해야 합니다.

• 업무 향상 행동: 분쟁 해결 및 협상 참여

동료 직원과 트러블이 생겼거나 프로젝트나 계약 관련 협상에 관여하고 있다면 이날은 분쟁, 교착 상태, 협상에 대처하기에 가장 좋은 시기입니다. 분쟁과 오해가 있다면 중재자 역할을 맡아보세요. 개인적인 분쟁에 휘말렸다면 우선순위를 확인해야 합니다. 타협은 나의 요구 중 일부를 포기하거나 변경하는 것을 의미하니까요. 또한 직장 내에서 분쟁이 생겼다면 표현적 단계의 능력을 활용해 갈등이 생긴 지점을 파악하고 관련된 사람들에게 가능한 해결책을 제시해보세요.

표현적 단계

18일 차

사람들을 설득하고 인맥을 만드는 날

직장에 임금 인상이나 원하는 것을 요청하기에 가장 좋은 때가 언제인지 궁금한가요? 지금이 바로 그때입니다! 표현적 단계는 자신감, 훌륭한 소통 능력, 부드러운 설득력으로 원하는 것을 얻도록 돕습니다.

직접적인 방식을 사용하는 역동적 단계와 달리, 표현적 단계에서는 상대방을 나의 관점으로 끌어들이는 미묘한 전략을 사용합니다. 높아진 인식과 공감을 바탕으로 설득하려는 사람에 맞춰 접근 방식을 조정하거나 아이디어를 심어주는 식으로 원하는 것을 얻을 수 있죠.

또한 표현적 단계의 자신감으로 인맥 쌓기에 첫걸음을 내디딜 수 있습니다. 누구라도 상관없이 사람들과 대화를 나눠보세요. 고객이나 거래처를 관리하는 일을 맡고 있지 않더라도 표현적 단계에서는 따로 연락해 감사를 표하거나 그들이 만족하고 있는지 점검해보면 좋습니다. 나에게 도움을 주는 부서나 사람들에게 연락해 감사를 전할 수도 있어요. 표현적 단계의 배려심으로 여러분을 진정성 있게 표현해보세요.

•자기계발 행동: 사람들과의 적극적인 만남

사람들과 어울리기에 좋은 이 최적의 기간을 활용해 새로운 사람들을 만나 이야기를 나눠보고 평소와 다른 것을 시도해보세요. 일과를 바꾸거나 수업에 참석하거나 모임을 열어보는 겁니다. 새로운 사람들을 만날 때마다 자기소개를 하겠다고 다짐하면서요.

그리고 지금은 여러분을 지지해주는 사람들을 응원할 수 있는 시기이기도 합니다. 최근에 연락이 닿지 않거나 만나지 못한 친구와 가족들 중 한 명 이상에게 연락해보세요.

•목표 달성 행동: 도움을 줄 만한 곳에 연락하기

목표 달성에 도움이 될 세 명의 사람, 조직 또는 기업을 찾아보세요. 그리고 첫 연락을 위한 전략을 떠올려보세요. 어떻게 하면 연락을 단계적으로 이어갈 수 있을까요? 어떤 형태로 연락해야 가장 잘 반응할까요? 무엇으로 관심을 끌 수 있을까요? 그들에게 도움을 받으려면 여러분은 무엇을 내주어야 할까요? 오늘 그 사람들에게 연락하는 첫걸음을 내딛어보세요.

•업무 향상 행동: 인맥 만들기

동료, 고객, 관련 기업에 여러분이 알아야 할 사람들을 소개해달라고 요청해서 인맥을 만들어보세요. 업계 모임이나 비즈니스 클럽에 가입하고, 업무 관련 컨퍼런스나 이벤트에 참석해 낯선 사람들에게 말을 걸고 명함을 교환해보는 겁니다.

또한 업무상 나에게 무엇이 필요하며, 그것을 부드러운 설득으로 얻을 수 있을지 고민해보세요. 여러분이 하고 있는 일에 대한 인상을 어떻게 바꿀 수 있을지도 생각해보고요. 표현적 단계 내내 자신을 알려보는 겁니다.

표현적 단계

19일 차

아이디어 및 콘셉트 제안을 위한 날

표현적 단계에는 높아지는 정서적 힘, 자신감, 소통 능력으로 남들에게 아이디어부터 콘셉트, 제품, 서비스, 해결책 등을 제안하기에 아주 좋습니다. 효과적으로 전달하면서도 청중의 요구에 더욱 공감하게 되거든요.

즉 표현적 단계에서는 회의를 건설적인 방향으로 이끌고, 가르치거나 조언하고, 발표하거나 제안하고, 전시 부스와 매장에서 더 잘 일할 수 있습니다. 청중의 요구를 잘 수용하면서 새로운 변수와 관점을 쉽게 받아들일 수 있어서 고객 서비스, 영업 및 마케팅에 이상적인 시기죠.

또한 표현적 단계는 취업 면접, 이력서 작성, 회사를 상대로 한 콜드콜을 하기에 가장 좋습니다. 자신이나 능력에 대한 낙관적인 태도는 사람들에게 좋은 인상을 줄 것입니다.

•자기계발 행동: 지원 요청하기

사람마다 제 삶을 위해 남들이 해줬으면 하는 것들이 있습니다. 자신에게 덜 요구하거나 기대하길 바랄 수도 있고, 자신을 더 도와줬으면 할 수도 있죠. 자신을 더 이해하거나 기분 좋게 해주길 바라기도 합니다.

이날 한 가지 아이디어를 떠올려서 주변 사람들에게 어떻게 전달할지 생각해보세요. 사람들의 감정과 필요를 고려해 그들이 여러분의 아이디어로 어떤 이득을 얻을지 찾아보는 겁니다. 아이디어를 솔직하게 제시해야 할까요, 아니면 미묘한 방식으로 제시해야 할까요? 거절을 두려워하지 마세요. 표현적 단계만의 인내심과 유연성으로 상대방의 마음을 충분히 움직일 수 있을 겁니다. 창의적 단계를 시작하기 전인 이날에 행동하지 않으면 다음 달 표현적 단계에서야 해볼 수 있을 거예요.

•목표 달성 행동: 꿈 설명회

모든 목표는 꿈에서 시작됩니다. 목표를 실현하는 방법 중 하나는 도움을 줄 만한 사람에게 여러분의 꿈을 달성하는 방법을 팔 듯이 설명하는 것입니다. 쉽지 않겠지만 여러분의 꿈을 최대 세 문장으로 정의해보세요. 그리고 자신감이 생겼다면 가족, 친구, 직장 동료에게 시험해보세요. 아이디어를 제시할 때마다 마음속 생각을 잘 이해하고 의미 있게 발표하게 될 것입니다. 또한 이 과정에서 받는 사람들의 질문을 프레젠테이션 제안서를 다듬는 데 활용하세요.

•업무 향상 행동: 아이디어 공유하기

업무나 직장에 대한 아이디어가 있나요? 어떤 상황에 대한 개선책이나 남들이 놓치고 있는 기회 또는 해결책을 찾았나요? 그렇다면 회의, 전화 통화, 이메일 등을 통해 아이디어를 공유해보세요.

혹시 여러분의 아이디어를 인정받거나 실행에 옮기기 위해 꼭 알아두어야 할 사람이 있나요? 표현적 단계의 자연스러운 카리스마로 넘지 못할 벽은 없습니다.

표현적 단계

20일 차

창의적 단계를 준비하는 날

역동적 단계와 마찬가지로 창의적 단계에서 능동적인 에너지는 넘치지만 논리성과 합리성이 떨어지고 창의성과 감정이 중요해집니다. 창의적 단계의 시작은 일을 끝내려는 의지가 강해지고 포기하거나 긴장을 늦추지 못하며 조급함과 좌절감이 늘어나는 것으로 알 수 있습니다. 또한 이런저런 생각이 걷잡을 수 없이 쏟아지기도 하죠.

창의적 단계가 진행되면 집중력과 인내심이 떨어지고, 원하는 정보를 찾는 게 어려울 때 좌절감과 분노를 느낄 수 있습니다. 이를 방지하려면 표현적 단계가 끝날 무렵에 다음 주에 해야 할 일들을 검토하고 미리 찾아두세요. 또한 이 시기에는 '5분 안에 찾지 못하면 정말 큰 문제가 될 수 있다!'는 의미의 '5분 법칙'을 명심하면 좋습니다.

또한 창의적 단계가 끝날 무렵에는 집중력과 체력이 떨어질 테니 주의해야 합니다. 창의적 단계에 가능한 창의적인 정신 활동을 찾아보고, 스트레스와 좌절감을 해소하는 쪽으로 신체 활동을 계획해보세요.

• 자기계발 행동: 다음 주 계획하기

앞으로 한 주 동안 해야 할 일을 떠올려보세요. 창의적 단계가 끝날 무렵에는 체력과 정신력이 떨어지니 창의적 단계가 시작될 때 일을 최대한 처리해두면 좋습니다. 또한 창의적 단계 중에는 체력, 수면욕, 영양 섭취량, 정서 등 신체 변화를 경험할 수 있습니다. 몸 상태에 따라 운동 방식을 바꾸고, 식단을 조절하고, 잠자리에 일찍 들고, 특정 사람이나 민감한 주제를 피해야 할 수도 있어요. 다음 주 계획을 세울 때 꼭 참고하세요.

•목표 달성 행동: 창의성이 필요한 곳 찾기

창의적 단계는 창의적인 아이디어를 떠올리고 쓸모없는 것을 잘라내기에 가장 좋은 시기입니다. 목표와 관련해 창의적 영감이 필요한 영역을 찾아 이 단계를 잘 활용해보세요. 창의적 영감이 필요한 영역은 사업 계획서 작성, 광고 제작, 접근 방식 개발, 기회 창출 등 다양합니다. 또한 비효율적인 분야와 접근 방식을 찾아서 방향을 변경할 수도 있습니다.

•업무 향상 행동: 업무 환경 최적화하기

5분 법칙에 따라 다음 주 업무에 필요한 것들을 준비하세요. 일정을 살펴보고 그룹 활동, 협상, 인력 관리, 논리적·체계적 의사 결정 등 창의적 단계의 능력과 충돌할 만한 일이 있는지 파악하면 됩니다. 일정을 조정할 수 없다면 이러한 활동을 어떻게 해낼지 고민해보세요.

창의성이 필요한 영역도 확인해보세요. 문제 해결, 다른 방식의 정보 제공, 아이디어 실행에 관한 고민 등도 여기에 포함됩니다. 잘 진행되지 않아서 갈아엎어야 할 일이 있다면 함께 적어두세요. 지금 적어둔 것들은 나중에 불만이 나올 때 긍정적이고 실용적인 해결책이 되어줄 것입니다.

표현적 단계 요약

다음 질문에 답하며 표현적 단계의 경험을 평가해보자.

1. 표현적 단계를 어떻게 경험했는가? 또 역동적 단계 및 성찰적 단계와 비교했을 때 어떤 기분이 들었는가?

신체적으로	
감정적으로	
정신적으로	

2. 어느 날짜의 내용이 개인적인 경험과 잘 맞았는가?

3. 이전 단계에 비해 이번 단계에서 향상되거나 수월해진 능력이 있는가?

4. 이번 달에 향상된 능력을 실제로 어떻게 적용했는가?

5. 다음 달에 최적의 기간 능력을 어떻게 활용할 계획인가?

6. 이 단계에서 나 자신에 대해 발견한 흥미로운 사실이 있는가?

맞춤형 계획 짜기

아래 표를 작성하고 다음 달에 향상된 능력을 최대한 활용할 수 있게 계획을 세워보자. (최적의 기간 능력에 따라 주기 날짜를 나열하면 28일 플랜을 나에게 맞춰 새로 짤 수 있다.)

표현적 단계		
을(를) 위한 최적의 기간		
주기 일수	최적의 기간 행동	다음 달을 위해 계획한 일

창의적 단계

21일 차

창의성을 발휘하는 날

창의적 단계에 온 것을 환영합니다. 이 단계에서는 창의성을 발산하고 영감과 직관의 신나는 파도를 탈 수 있습니다.

창의적 단계에서는 나를 위해 외모를 가꾸는 것과 같이 창의성을 구체적으로 경험합니다. 옷차림이나 헤어스타일을 완전히 바꾼다면 창의적 단계에 있을 가능성이 크죠. 또한 이 단계는 창의력을 삶의 전반에 적용하고 즐길 수 있는 최적의 기간입니다. 단지 재미로 새로운 활동을 시도해볼 수도 있고, 자신도 몰랐던 새로운 재능을 발견할 수도 있습니다.

창의성을 다양한 데에 적용할 수는 있지만 해당 단계에서는 그동안 창의성을 발산하지 못했던 활동에 참여하는 것이 더 중요합니다. 결과가 완벽하지 않거나, 실용성이나 상업성이 없거나, 결국 쓰레기통에 버려지더라도 상관없어요. 창의성을 발휘하기 시작하면 생리 전 단계에서 느끼기 힘들었던 평온함, 안정감, 만족감을 얻을 것입니다.

•자기계발 행동: 2분간 창의적 휴식 시간 보내기

창의적 단계에서는 하루 중 짧은 시간 동안 창의력을 빠르고 간단하게 발산하여 짜증과 긴장감을 줄일 수 있습니다. 앞으로 며칠 동안 2분 휴식 시간을 내서 간단한 창의적 활동을 해보세요. 낙서, 색칠놀이, 노래 만들기, 글쓰기, 바느질하기 등을 할 수도 있습니다. 바쁘고 압박감이 심한 직장에서 여성 CEO가 2분 동안 창의적인 휴식을 취하려고 뜨개질을 한다면 이상하게 보일 수도 있죠. 하지만 한번 시도해보고 마음이 얼마나 행복해지는지 확인해보세요.

• 목표 달성 행동: 구체적인 것 만들어보기

창의성을 발휘해 구체적인 것을 만들 수 있는 분야를 찾아보세요. 예를 들면 플로우차트나 마인드맵으로 목표와 해야 할 일을 어떻게 연결할지 그려보는 겁니다. 또 새로운 사업이 목표라면 로고를 간단히 스케치해 보고, 제품과 관련된 목표라면 포장지나 전단지를 디자인해보세요. 아이디어를 적어보고 머릿속에만 머물지 말고 실제로 만들어보세요. 가위와 풀을 사용해 목표와 관련된 이미지를 찾아서 보드판에 붙여도 좋습니다.

• 업무 향상 행동: 창의적인 재능 발휘하기

창의적 단계는 창의력이 필요한 업무를 처리하기에 가장 좋은 시기입니다. 이 시기를 프레젠테이션 자료, 실물 모형, 신제품 등을 만들거나 창의적인 카피를 작성하는 데 사용해보세요. 디자인 실력을 문서, 마케팅 자료, 이력서, 사무실 인테리어, 심지어 작업복에 적용해봐도 좋습니다.

이 단계의 창의성은 매우 직관적일 수 있으니 여러분의 선택을 믿으세요. 다만 창의적 단계에서는 완벽주의로 작업 결과에 쉽게 만족하지 못할 수 있습니다.

창의적 단계

22일 차

잠재의식에 씨앗을 뿌리는 날

창의적 단계에서는 생각이 눈덩어리처럼 불어납니다. 하지만 '잠재의식에 씨앗 뿌리기'로 이 단계의 창의력을 긍정적으로 활용할 수 있어요. '씨앗 뿌리기' 과정은 의식 깊은 곳에 있는 '컴퓨터'인 뇌에 질문이나 주제를 입력하는 것으로 보면 됩니다. 입력한 내용이 처리되는 동안 우리의 정신 화면에는 모래시계 기호가 표시되지요. 잠시 후 뇌는 통찰력, 정보, 연결 고리, 아이디어, 해결책, 이미지, 단어, 충동 또는 깨달음을 가지고 우리에게 돌아올 것입니다.

이 능력을 적극적으로 활용한다면 놀랍고도 재미있는 일이 펼쳐집니다. 뇌가 질문이나 주제를 처리하는 중에 아이디어가 떠오를 수 있지만 대부분 '정신 화면'에 오래 머무르지 않습니다. 따라서 평소에 작은 노트를 가지고 다니면서 아이디어가 떠오르면 어떤 식으로든 기록해두는 게 좋아요. 글 쓰는 중에도 아이디어가 많이 떠오를 것입니다. 잠재의식은 호응할 줄 아는 청중을 좋아한다는 사실을 기억하세요!

•자기계발 행동: 뇌에 검색어 던지기

해결하고 싶은 문제를 하나 선택하여 뇌에 답을 요청하고 설거지나 동네 산책처럼 아무 생각 없이 할 수 있는 일을 찾아보세요. 그 일에 집중하면서 뇌가 알아서 처리하도록 내버려두는 겁니다. 잠재의식은 문제에 대한 특이한 생각을 보내주는 것으로 응답할 것입니다. 생각이 떠오르는 대로 실행해보고 어떤 일이 일어나는지 살펴보세요.

창의적 단계 초기에는 이 과정이 창의적이고 긍정적으로 진행됩니다. 하지만 '씨앗 뿌리기'가 연쇄적으로 부정적인 생각을 일으킨다면 이 활동은 다음 성찰적 단계로 미루세요.

• 목표 달성 행동: 주변에서 피드백 찾기

영감이나 더 많은 정보가 필요한 주제, 또는 큰 관심이 생기는 주제에서 하나를 선택하세요. 목표와 구체적으로 연결되지 않아도 됩니다. 이후 며칠간 잠재의식이 그 주제를 처리하도록 두고 주변에서 피드백을 찾아보세요. 잠재의식은 여러분이 답을 기다리고 있다는 걸 알면 기꺼이 움직일 테고, 심지어 뜬금없는 주제를 목표와 연결할 수도 있습니다. 앞서 말했듯이 아이디어를 기억할 수 있을 것 같아도 따로 적어두세요.

• 업무 향상 행동: 브레인스토밍

여러분의 업무 중에 브레인스토밍이나 '틀에서 벗어난 사고'가 필요한 부분이 있나요? 아니면 새로운 아이디어나 접근 방식이 필요한 것이 있나요? 당장 떠오르지 않는다면 잠재의식에 이 최적의 기간을 어떻게 활용할지 씨앗을 뿌려보세요. 그리고 며칠간 뇌가 그에 전념할 수 있게 시간을 주세요. 통근 열차나 커피머신 앞에서 멍하니 창밖을 바라보거나, 점심시간에 짧게 산책하거나, 운동 중에 헤드폰을 벗어보세요. 이런 순간의 지루함을 활용하면 뇌가 자연스럽게 문제를 처리할 시간을 가지게 됩니다.

창의적 단계

23일 차

간단한 일을 선택하는 날

창의적 단계는 역동적 단계의 적극적인 집중력과 표현적 단계의 감정을 함께 가져다줍니다. 하지만 체력이 떨어지고 때로는 감정이 매우 예민해지기 때문에 자존감이 낮아지기도 합니다. 자기 자신에 대한 부정적인 생각에서 벗어나려면 내면에 초점을 맞추고 성취감과 자존감이라는 긍정적인 감정을 느낄 수 있는 활동을 해야 합니다.

예를 들면 시간이 오래 걸리지 않고 남들이 도와줄 일이 거의 없는 작은 일을 선택하세요. 특히 한 번에 하나씩 간단한 작업에 집중하면 부정적인 생각에서 벗어나 안도감을 느끼고 외부 요인에서 자신의 감정을 보호할 수 있습니다. 작업을 마치면 성취감과 내면의 힘을 덤으로 얻을 수 있죠. 창의적 단계에서는 타고난 모노태스크(단일 작업 수행) 능력으로 평소에는 단조롭다고 느낀 일을 행복하게 완수할 수 있습니다.

•자기계발 행동: 작은 행복으로 자존감 키우기

작고 간단한 일로 자존감과 성취감을 키워보세요! 서랍이나 주방 찬장을 정리하는 것처럼 쉽게 완료할 수 있는 일이나 거품 목욕, 촛불, 부드러운 음악, 초콜릿과 함께 저녁 시간을 편안하게 보내도 좋습니다.

이날 어떤 간단한 활동으로 자신을 보살피고 중심을 잡을 수 있을까요? 민감한 감정을 지키기 위해 뉴스와 드라마를 끄고 사람들의 문제를 피해야 할까요? 아니면 나만의 시간을 약간 가지거나 작은 사치를 부려야 할까요? 온전히 집중해서 자존감을 느낄 수 있는 활동은 무엇인지 생각해보세요.

•목표 달성 행동: 간단한 작업에 집중하기

자존감과 성공감을 잃으면 목표 달성에 어려움을 겪을 수 있습니다. 따라서 창의적 단계에서 경험하는 무력감이나 무능감이 곧 지나간다는 사실을 깨달아야 합니다. 목표와 활동에 대한 부정적인 생각은 단지 스쳐 가는 생각일 뿐이며, 단계가 바뀌면 생각도 달라질 것입니다.

창의적 단계는 목표에 큰 변화를 줄 단계가 아니므로 큰 그림보다는 디테일에 집중해야 합니다. 한 번에 하나씩 간단한 작업에 집중하고 다른 것은 무시하세요. 각 작업을 완료할 때마다 한 걸음씩 나아간다는 보람을 느낄 것입니다. 성찰적 단계에서 올바른 방향으로 나아가고 있는지 확인할 테니 지금은 걱정하지 않아도 됩니다.

•업무 향상 행동: 사소한 일 처리하기

미뤄두었던 사소하거나 지루한 작업이 있나요? 정리해야 할 파일이나 서류함 또는 상자, 아니면 복사해야 할 문서나 단조로운 작업이 있나요?

이날에는 할 일 목록을 작성하지 마세요. 목록을 작성하면 끝내야 할 것 같은 압박감이 강하게 들 수 있습니다. 그 대신 작은 일 하나를 마치고 나서 주위를 둘러보며 다른 할 일이 있는지 찾아보세요. 또는 20일차, 즉 표현적 단계 마지막 날에 적어둔 내용을 다시 확인해보세요.

창의적 단계

24일 차

성찰적 단계를 준비하는 날

창의적 단계에서는 '다음 단계를 준비하는' 날이 다른 단계보다 일찍 시작됩니다. 창의적 단계가 막바지에 이르면 체력과 정신력이 떨어질 가능성이 높기 때문입니다. 다음 단계인 성찰적 단계에 접어들면 체력과 정신력이 겨울잠 상태에 접어들어 내면이 평온해질 것입니다.

다만, '정상' 상태가 계속되기를 기대하며 이 새로운 단계에 저항한다면 잠재력을 최대한 발휘할 수 있는 최적의 기간을 놓치고 맙니다. 성찰적 단계는 스스로를 어떻게 느끼는지, 어떤 사람이 되고 싶은지, 인생이 어떻게 흘러갔으면 하는지 검토하기에 가장 좋은 기간이기 때문입니다.

성찰적 단계의 최적의 기간을 활용하려면 생각하고, 느끼고, 단순히 머물 수 있는 공간을 만들어야 합니다. 그러려면 다이어리에서 일정을 미리 살펴보고 우선순위를 정해서 적어도 주기의 1일 차부터 4일 차까지는 휴식 시간을 더 많이 가져야 해요.

•자기계발 행동: 자유 시간 만들기

주위 사람들에게 주기 1일 차부터 4일 차까지 일상적인 활동, 책임, 집안일을 맡아달라고 미리 요청하세요. 미리 알려주면 그들도 여유 시간을 두고 자기 일정을 조정할 수 있습니다. 또한 사교 행사, 바쁜 일정, 힘든 상황을 피할 수 있을지 확인해보고 혼자만의 시간을 더 많이 확보하여 스스로를 돌보도록 하세요.

•목표 달성 행동: 우선순위 정하기

성찰적 단계는 목표를 검토하는 데 있어 매우 중요합니다. 이 단계에서 조용히 성찰할 시간을 가지지 않으면 나에게 무엇이 맞는지 파악하고 새로운 방향으로 나아가거나 이미 선택한 방향을 재확인할 수 있는 매우 강력한 기회를 놓치게 됩니다.

일정과 할 일을 살펴보고 우선순위를 정하세요. 다음 주에 체력과 정신력이 감소할 것임을 알고 있다면 현재 에너지를 최우선 과제에 집중시킬 수 있을 것입니다. 일정에 앞서 대비하면 성찰적 단계에서 검토를 위한 휴식 시간을 확보할 수 있습니다.

•업무 향상 행동: 일정 점검하기

이날 하루를 다음 8일간의 일정을 점검하는 데 활용하세요. 창의적 단계의 마지막 며칠과 성찰적 단계의 처음 며칠은 마감해야 할 일이 산더미처럼 쌓여 있고, 이를 처리할 체력과 정신력이 거의 없어서 정말 힘들 수 있습니다. 이때 스스로를 억지로 몰아붙이면 이 단계에서 얻을 수 있는 넘치는 통찰력을 놓치게 됩니다.

생리 첫 이틀간은 부담스러운 일이나 체력을 쓰는 일이 최대한 없어야 합니다. 불가능하다면 성찰적 단계의 다른 날 하루 이틀이 덜 바쁘도록 조정해보세요. 또한 여러분이 직접 관여하지 않고도 원하는 결과를 얻을 수 있을지 찾아보고 어떤 해결책이 떠오르는지 확인해보세요.

창의적 단계

25일 차

여유를 부리는 날

마지막으로 여유를 가져본 적이 언제였나요? 현대 사회는 우리가 24시간 준비되어 있고 모든 일을 즉시 완료하기를 요구합니다. 이 속도를 따라가지 못하면 일을 잘 해내지 못했다는 죄책감이나 직장을 잃을지도 모른다는 두려움과 패배감을 느낄 수 있습니다.

'행동하고 성취하는 것'이 '존재하는 것'보다 더 중요할 때가 많아서, 우리는 자신의 행동과 성과로만 자아를 정의합니다. 즉 역동적 단계만 원하도록 스스로를 제한하여 창의적 단계임에도 내면을 깊이 들여다보지 못합니다. 이러면 체력, 정신력, 열정을 유지하기 어려워져서 스트레스를 받을 수 있어요. 하지만 최적의 기간을 받아들이면 자신의 에너지를 먼저 따지고, 일정을 단호하게 결정하고, 해야 할 일에 한계를 정하고, 활동과 성취보다 나 자신에 높은 가치를 두게 됩니다. 이렇게 하면 바쁜 세상에서도 여전히 생산적으로 일하면서 내면이 평온해집니다.

•자기계발 행동: 속도 늦추기

속도를 늦추세요! 몸과 마음은 그걸 원할 겁니다. 이날 이후로 며칠 동안 속도를 늦춰보세요. 수면 시간이나 휴식 시간을 10분 더 확보하고 걸을 때는 바닷가를 거닐 듯 산책해보세요. 또 낮에는 선잠을 즐겨보세요. 90분 동안 체력을 쓰고 10분 정도 짧은 '타임아웃'을 가지면 에너지 회복에 도움이 될 것입니다.

• **목표 달성 행동: 현실적으로 생각하기**

앞으로 며칠 동안 스스로에게 너무 많은 것을 기대하면 좌절감과 스트레스를 느낄 수 있습니다. 목표를 현실적으로 설정하고 평소처럼 활동하지 못하더라도 자기 자신을 비난하지 마세요. 정신력이 떨어지면 일부 작업이 더 어려워지고 좌절감을 느낄 수 있습니다. 내가 무엇을 할 수 있을지 인식하고 현실적인 태도를 유지하면서, 이 단계에서 다른 재능과 능력을 사용할 수 있음을 떠올려보면 도움이 될 것입니다.

• **업무 향상 행동: 업무에 시간 더 할애하기**

이날은 해야 할 일에 평소보다 시간을 더 많이 들이세요. 생각과 몸이 느려지기 때문에 같은 일이라도 시간이 더 걸릴 수 있습니다. 바쁘고 힘든 하루를 피할 수 없다면 저녁이나 다음 날에 휴식 시간을 더 길게 가져서 균형을 맞추세요. 만약 여러분이 자영업자이고 시간당 소득이 발생한다면 이 점을 특히 고려해야 합니다. 역동적 단계에서 더 많이 해낼 수 있음을 명심하세요.

이날 하루만이라도 느린 속도를 즐겨보세요. 업무의 우선순위를 정하고 일정에 더 많은 시간을 할애했으니 하루를 평온하게 보낼 수 있다는 사실에 감사하면서요.

창의적 단계

26일 차

불필요한 것을 정리하는 날

창의적 단계에서는 체력이 떨어지고 폭발할 듯한 감정과 좌절감, 편협함을 경험할 수 있습니다. 이러한 감정을 억누르려고 할수록 오히려 예기치 않게 표출할 수 있습니다. 즉 아주 사소한 사건으로도 과한 감정을 폭포수처럼 쏟아내는 것이죠.

이러한 감정과 충동은 부정적인 것이 아닙니다. 변화해야 한다는 사실을 알려주므로 방향만 올바르게 맞춘다면 긍정적인 큰 힘이 될 수 있어요. 많은 여성이 본능적으로 정리 정돈이나 대청소를 하면서 창의적 단계의 감정을 안전하게 분출합니다. 창의적 단계 밑바닥에는 '창조'라는 욕망이 깔려 있으며, 우리가 느끼는 좌절감과 편협함은 불필요하고 정체된 것을 제거하여 새로운 것을 발전시킬 공간을 만들기 위함입니다.

따라서 창의적 단계는 주변 환경, 프로젝트, 목표, 업무를 살펴보고 쓸모없거나 작동하지 않거나 비효율적인 것을 정리할 수 있는 최적의 기간입니다. 새롭게 성장하기 위해 가지치기를 할 기회인 것이죠.

•자기계발 행동: 감정 청소하기

집 안을 둘러보고 자신의 감정에 귀 기울여보세요. 성가시거나 지저분하거나 대청소를 해야 할 것 같나요? 그렇다면 지금이 바로 청소와 정리를 시작할 때입니다. 물리적인 공간을 청소하고 정리하고 싶은 욕구는 감정을 분출하거나, 자기 자신을 받아들이거나, 마음을 내려놓고 싶은 내면의 강한 욕구에서 비롯됩니다. 청소를 하면서 좌절감, 긴장감, 스트레스 등을 흘려보내세요. 이러한 감정은 과거의 일과 관련되어 있으며, 마음속에 잔상이 떠오르거나 혼잣말이 나올 수 있습니다.

청소에 집중하고 감정들을 그 자리에 그저 놔두세요. 쉽지 않겠지만 그렇게 해야 과거의 나를 받아들이고 용서하고 사랑할 수 있습니다. 과거의 감정적인 짐을 한 달 더 짊어지고 가고 싶은지 고민해보세요.

• 목표 달성 행동: 접근 방식 검토하기

지금은 나에게 효과 없는 접근 방식과 실행 계획을 정리하기에 딱 좋은 시기입니다. 지난달 이맘때부터 무엇이 효과가 없었는지 살펴보고, 역동적 단계에서 작성한 할 일 목록 중에 여전히 중요한 것이 있나 살펴보세요. 달성하지 못한 목표나 영 효과가 없었던 접근 방식이 있나요? 다음 달까지 완료하고 싶은 작업이 있나요? 무엇을 뒤로 미룰 건가요? 중요한 일에 에너지를 집중하세요.

• 업무 향상 행동: 업무 공간 정리하기

업무 환경을 둘러보고 정리 정돈과 청소를 더 해야 할 곳이 있는지 고민해보세요. 무엇을 정리해야 할까요? 지금이 바로 움직일 때입니다! 다만 이 단계에서는 청소에 몰두하다가 아직 쓸 만한 물건까지 버릴 수 있습니다. 만약의 경우를 대비하여 나중에 필요할지 모를 물건들을 눈에 띄지 않는 한쪽으로 치워두세요. 그 물건이 정말 필요한지는 이어지는 역동적 단계에서 확인하면 됩니다.

창의적 단계

27일 차

내면의 욕구에 귀 기울이는 날

많은 여성이 감정이 요동치고, 생각이 마구 쏟아지고, 스스로를 부정적으로 보는 창의적 단계를 매우 가혹한 시기로 여깁니다. 자기비판적이고 부정적인 생각은 지난 3주 동안 자기 자신을 돌보지 않았다는 생각으로 이어집니다. 많은 여성이 이러한 생각을 폭식이나 음주로 진정시키거나, 자기 자신과 상황을 '고쳐야 한다'고 판단하다 결국엔 자기혐오와 우울감에 빠지고 맙니다.

부정적인 감정은 자기 자신에 대한 비판적인 생각을 믿는 데서 비롯됩니다. 감정이 고통스러울수록 더 큰 상처를 받죠. 창의적 단계에서 느끼는 혼란은 자아정체성을 잃었다는 것을 의미합니다. 생각이 만들어내는 거짓말을 믿지 않고 그 밑에 있는 진실에 귀 기울여야 내면의 욕구에 집중해 자아를 다시 세울 수 있습니다. 자아가 강해지면 비판적인 생각은 힘을 잃으며 창의적 단계의 에너지와 능력을 훨씬 더 긍정적인 일에 사용할 수 있습니다.

•자기계발 행동: 나의 욕구에 귀 기울이기

1분만 시간을 내어 자신에게 집중하고 '나를 사랑하려면 지금 무엇을 해야 할까?'라고 질문해보세요. 1분 동안 온전히 집중해야 합니다. 아주 간단한 답이 나올 수도 있지만 어떤 대답이든 실천해보세요. 진정한 욕구를 확인하고 충족하는 건 자아감 강화에 도움이 됩니다.

하루에 필요한 만큼 시간을 내도 됩니다. 다음 달 창의적 단계에 혼란한 감정을 느끼지 않으려면 다음 달 내내 하루에 적어도 한 번씩 이 방법을 시도해보세요.

•목표 달성 행동: 근본적인 욕구에 집중하기

나 자신이나 목표에 대한 부정적인 생각을 행동으로 옮기지 마세요! 목표를 이루면 더 행복해지리라는 생각에 다른 목표를 더 추가하고 실천하지 말라는 의미입니다. 만약 새로운 목표가 진정으로 원하는 것과 잘 맞는다면 성찰적 단계에서 검토해보고 역동적 단계에서 긍정적인 행동을 취하면 됩니다. 지금은 비판적인 생각의 밑바닥에 깔린 메시지를 이해하는 데 집중하세요.

•업무 향상 행동: 무엇도 개인적으로 받아들이지 않기

어떤 것도 개인적인 일로 받아들이지 마세요! 동료들이 여러분의 업무에 대해 하는 말은 여러분에게 개인적으로 하는 말이 아닙니다. 그들 자신의 감정과 욕구를 표현했을 뿐이죠. 여러분이 자신의 업무에 대해 하는 말도 진실이 아닙니다. 단지 여러분의 감정과 현재 충족되지 않은 욕구를 반영했을 뿐이죠. 호르몬이 바뀌면 일에 대한 관점도 바뀌므로 실제로 확실하거나 '진실'인 것은 없습니다.

창의적 단계의 감정은 '나쁜' 것이 아니며, 그런 감정을 느낀다고 해서 여러분이 '나쁜' 사람이 되지도 않습니다. 이 감정은 그저 다시 조화를 찾고 역량을 키우도록 하는 강력한 메시지일 뿐입니다.

창의적 단계 요약

다음 질문에 답하며 창의적 단계의 경험을 평가해보자.

1. 창의적 단계를 어떻게 경험했는가? 또 표현적 단계와 비교했을 때 어떤 기분이 들었는가?

신체적으로	
감정적으로	
정신적으로	

2. 어느 날짜의 내용이 개인적인 경험과 잘 맞았는가?

3. 이전 단계에 비해 이번 단계에서 향상되거나 수월해진 능력이 있는가?

4. 이번 달에 향상된 능력을 실제로 어떻게 적용했는가?

5. 다음 달에 최적의 기간 능력을 어떻게 활용할 계획인가?

6. 이 단계에서 나 자신에 대해 발견한 흥미로운 사실이 있는가?

맞춤형 계획 짜기

아래 표를 작성하고 다음 달에 향상된 능력을 최대한 활용할 수 있게 계획을 세워보자. (최적의 기간 능력에 따라 주기 날짜를 나열하면 28일 플랜을 나에게 맞춰 새로 짤 수 있다.)

창의적 단계		
		을(를) 위한 최적의 기간
주기 일수	최적의 기간 행동	다음 달을 위해 계획한 일

성찰적 단계

28일 차 또는 1일 차

명상과 휴식을 위한 날

성찰적 단계에 온 것을 환영합니다. 이 단계는 보통 생리 주기의 첫날이자 생리 시작일이며 에너지 흐름이 가장 낮은 시기이기도 합니다. 또한 마음이나 성격이 이끄는 추진력에서 잠시 벗어나 몸이 스스로 휴식을 취하고 회복하는 기간이죠. 평온함과 초연함을 느끼고 수동적인 태도로 자기 자신이나 세상과의 유대감을 깊게 느낄 수 있습니다.

생리 첫날에는 다양한 경험과 감정이 뒤섞일 수 있습니다. 통증이나 다른 불편한 증상, 창의적 단계의 혼란에서 구해준 호르몬 변화에 감사하거나, 임신하지 않은 것에 슬픔이나 안도감을 느낄 수도 있죠. 일부 여성들은 생리 며칠 전후에 성찰적 단계에 진입하기도 합니다.

성찰적 단계로 바뀌면서 정신이 맑아지고 생각이 정리됩니다. 성찰적 단계는 낮은 체력, 깊은 감정, 명상하는 듯한 정신 상태가 특징입니다. 이 단계를 받아들이고 '정상'에 대한 기대를 내려놓아야 이 최적의 기간이 가져다주는 성찰, 헌신, 명상, 깊은 깨달음을 즐길 수 있습니다.

•자기계발 행동: 명상하기

성찰적 단계에서는 자연스럽게 명상하게 됩니다. 명상이 어려웠던 적이 있거나 명상을 처음 시도한다면 이 단계가 최적의 기간이죠. 단순히 창밖을 바라보거나, 공원이나 정원에 앉아 있거나, 침대나 소파에서 휴식을 취하는 등 자신에게 맞는 방법을 선택하세요. 이로써 삶의 깊은 의미와 유대감을 느낄 수 있는 기회를 받아들이세요. 마음의 쓰레기를 치우고 인생에 무엇이 정말 중요한지 느껴보는 겁니다. 이 시간을 거부하지 않고 즐긴다면 기분이 더 좋아지고 차분해질 것입니다.

•목표 달성 행동: 휴식하기

목표, 실행 계획, 과제에 대한 생각을 내려놓고 그냥 아무것도 하지 마세요. 뭔가 해내야 한다는 생각을 잊고 점심 식사를 즐기거나, 햇살을 느끼거나, 자동차 소리나 눈에 들어오는 색깔 등 일상의 사소한 것들에 집중해보세요. 머리로 생각하는 삶에서 벗어나 휴식하면 인생에 미래의 성취보다 더 많은 것이 있음을 깨닫게 됩니다. 살아있다는 것 자체로도 기분이 좋고 꿈보다 중요하다는 사실을 알게 될 거예요.

•업무 향상 행동: 활기찬 시간 최대한 활용하기

이날이나 며칠 동안 평소보다 덜 바쁘게 보낼 수 있도록 미리 계획을 세워두세요. 직장을 다닌다면 이러한 겨울잠 단계에 따르는 것이 힘들 수 있지만 억지로 버티다 보면 좌절감과 스트레스만 받을 뿐입니다. 이 단계에서 무얼 얻을 수 있는지 현실적으로 생각하고 멀티태스킹 능력이 제한적일 수 있으니 한 번에 한 가지 일에만 집중하세요. 또 하루 중 언제 힘이 부치는지 파악하여 활기찬 시간을 최대한 활용하세요. 낮에 바쁘다면 저녁 시간을 비워서 휴식을 취하고 체력을 회복해야 합니다.

성찰적 단계

2일 차

진정한 자아와 교감하는 날

대부분의 시간 동안 우리는 가면을 쓰고 살아갑니다. 직장에서는 직업적인 가면을 쓰고, 친구, 파트너, 가족과 있을 때 각각 또 다른 가면을 쓰죠. 가면은 수행해야 하는 다양한 역할에 도움이 되지만, 가면 아래에 있는 진정한 자아와 영영 접촉하지 못할 수도 있습니다. 가끔 '진정한 나는 과연 누구인가?'라고 묻고 싶을 때가 생기죠.

성찰적 단계는 사회적 기대에서 벗어나 자아와 접촉하면서 나의 진짜 정체를 알아가는 기회를 제공합니다. 이를 매우 어려워하는 여성도 있는데, 자아정체성이 성취, 성공, 사회적 지위나 '엄마' 같은 사회적 꼬리표에 기반을 두고 있다면 더욱 그러합니다. 가면을 벗으면 공허함을 느끼게 될까 두렵겠지만 '인생에서 이 공허함을 무엇으로 채울 수 있을까?'라는 질문을 마주하게 될 겁니다. 이 질문을 통해 다양한 아이디어를 시도함으로써 완전함과 행복감을 주는 것들을 찾을 수 있습니다.

•자기계발 행동: 마음의 짐 내려놓기

한 달 동안 어떤 사건 때문에 마음이 불편했을 수 있습니다. 하지만 이 시기에 진정한 자아와 마주한다면 마음의 짐을 내려놓고 다음 달을 위해 새로운 자아상을 만들 수 있습니다. 이날은 잠시 시간을 내어 휴식을 취하고 성찰적 단계에 찾아오는 행복, 자기수용, 유대감을 느껴보세요. 그리고 그 감정을 불러일으키는 사건들을 되돌아보세요. '이 감정은 신경 쓸 만한가?', '과거의 반응(또는 사건)은 그럴 만한 일이었나?', '다음 달까지 이렇게 반응할 수 있을까?'라고 고민해보는 겁니다. 이 시기의 '뭐가 됐든' 태도로 마음의 짐을 내려놓을 수 있을 것입니다.

• 목표 달성 행동: 성취감 재발견하기

'무엇이 성취감과 완전함을 느끼게 해줄까?', '잃어버린 것 중 무엇을 회복해야 할까?', '나에게 무엇이 중요할까?' 하고 고민해보세요. 질문 자체나 자기 자신을 분석하려 하지 말고 긴장을 풀고 감정이 이끄는 대로 따라가야 합니다. 대답하기 벅찰 때도 있겠지만 긍정적이고 강력한 감정을 얻는다면 과감히 변화할 의지가 생길 것입니다. 다음 며칠 동안 이 질문들의 대답과 그에 요구되는 행동을 떠올려보세요. 이 과정에서 불안한 생각에 익숙해지고, 다음 달에 어떻게 첫걸음을 내딛을지 결심을 다질 수 있습니다.

• 업무 향상 행동: 핵심 가치 작성하기

지금은 직장에서 사용하는 '가면'을 현실적으로 살펴볼 때입니다. 직장에서의 행동과 업무가 진정한 자아와 일치하나요? 다음 달에 새롭고 진실한 자신의 모습을 보여줄 수 있나요? 시간을 내서 여러분의 핵심 가치, 그리고 가정과 직장 생활에서 기쁨과 행복을 주는 것들을 작성해보세요. 목록을 제한하거나 따져보거나 정당화해서는 안 됩니다. 또 적어둔 목록에 대해 어떤 조치를 취하거나 약속이나 다짐도 하지 마세요. 지금 이 순간 자신이 누구인지 성찰하면 됩니다. 지난달에 만든 목록이 있다면 이번 달 목록과 비교해보세요.

성찰적 단계

3일 차

진짜 우선순위를 발견하는 날

성찰적 단계는 창의적 단계보다 정신력이나 명확성이 뛰어납니다. 하지만 체력과 의지력이 제한적이기 때문에 이 에너지를 우선순위가 가장 높은 곳에 집중해야 합니다.

우리는 모두 마음속에 가족, 사회, 직장의 기대에 따른 '해야 할 일' 목록을 가지고 있습니다. 인정받고 사랑받고 힘을 얻고 안전해지기 위해서 말이죠. 하지만 '해야 한다'라는 말은 종종 죄책감을 동반합니다. 그 달에 기대를 충족하지 못하면 죄책감을 안고서 다음 달의 해야 할 일 목록으로 마음의 짐을 더하기도 하죠. 성찰적 단계의 '뭐가 됐든' 태도는 우리의 '해야 한다'가 타인의 요구에 기반하고 있음을 깨닫고 사회적 기대에서 벗어날 수 있게 해줍니다. 이렇게 하면 죄책감에서 벗어나 마음가는 대로 선택해볼 수 있어요.

성찰적 단계는 삶과 일, 그리고 목표에 대한 기대를 확인하며 자신에게 정말 필요한지 파악할 수 있는 최적의 기간입니다. 왜 '할 수 있다'가 아닌 '해야 한다'라는 표현을 사용하는지 고민해보고 왜 어떤 일을 할 때는 저항감이 들고 성과를 내지 못할까 두려워하는지 마음을 살펴보아야 합니다. '해야 한다'는 생각을 버림으로써 다음 달을 다르게 바라보고 '할 수 있다' 목록에 힘을 실어줄 수 있습니다.

• **자기계발 행동: '해야 한다'를 '할 수 있다'로 바꾸기**

우리는 사랑받고 안전하다고 느끼기 위해 사회적 기대를 바탕으로 '해야 한다' 목록을 작성합니다. 여러분의 '해야 한다' 중에 자신의 것이 아닌 게 있나요? 여러분은 누구의 이야기를 믿나요? 어린 시절부터 가지고 있던 '해야 한다' 중에서 아직 몇 가지나 유지하고 있나요? 생각하거나 말할 때 '해야 한다'를 '할 수 있다'로 바꿔보세요. '할 수 있다'라는 표현은 행동할지 말지 선택할 수 있는 힘을 줍니다.

• **목표 달성 행동: '해야 할 일' 목록 정리하기**

마음에 품고 있던 '해야 할 일들'을 적어보세요. 어린 시절의 목표와 이루지 못한 꿈까지 모두 적고 각각 그 옆에 얼마나 오래 생각해왔는지, 또 지금도 '해야 한다'고 생각하는지 표시하면 됩니다. 그중에 정말 하고 싶거나 꼭 이루어졌으면 하는 것이 있다면 밑줄을 그어보세요. 이제 굵은 검은색 펜으로 '해야 한다'를 지워서 그 말의 감정적 무게와 죄책감이 사라지는 것을 느껴보세요! 지금은 밑줄 친 목록에 어떤 조치도 취하지 마세요. 이어지는 역동적 단계에서 이걸 목표로 사용할 것입니다.

• **업무 향상 행동: 스트레스 요인 파악하기**

잠시 시간을 내어 직장에서 느끼는 압박감을 생각해보세요. 무엇 때문에 스트레스를 받거나 불행하다고 느끼나요? 사람들은 여러분에게 무엇을 기대하나요? 할당된 업무, 급여, 일정, 교육, 능력 등을 고려할 때 사람들의 기대가 합리적인가요? 다음 달에는 사람들이 주는 '해야 한다'의 압박감 없이도 업무를 더 잘 해낼 수 있을까요? 사람들의 기대 뒤에 숨어 있는 두려움을 파악하고 누그러뜨릴 수 있을지도 살펴보기 바랍니다.

성찰적 단계

4일 차

저항감을 내려놓는 날

성찰적 단계에서는 에너지가 낮아지면서 걱정할 여력도 남지 않습니다. 그런데 이 단계에서 저항을 멈추고 속도를 늦추면 시끄러운 생각들 아래 평온과 행복이 자리하고 있음을 깨닫게 됩니다. 이 내면의 공간에는 자기수용, 완전한 감정, 그리고 앞으로 별일 없을 거라는 깊은 확신이 존재합니다. 안타깝게도 현대 사회는 이 단계에서 저항감을 내려놓고 쉬어갈 기회를 쉽게 주지 않습니다. 결국 사회의 기대를 충족해야 한다는 욕심 때문에 성찰적 단계가 더욱 힘들어지죠.

성찰적 단계는 지금 이 순간이 있는 그대로 괜찮다고 느끼게 해줍니다. 즉 우리를 현재에 뿌리내리게 하여 미래에 대한 기대와 과거의 기억을 놓아버릴 수 있게 도와주죠. 또한 마음속 깊이 확신을 느끼면서 현재의 걱정과 불안이 얼마나 비현실적인지 발견하고 삶을 신뢰하게 해줍니다. 우리는 종종 남은 한 달 동안 분주하게 지내며 이러한 유대감을 놓치지만, 성찰적 단계에서는 모든 것이 있는 그대로 괜찮다는 아름다운 감각을 즐길 수 있습니다.

•자기계발 행동: 기대 내려놓기

성찰적 단계에 저항하고 있나요? 매달 며칠만이라도 기대를 내려놓고 일을 제쳐두거나 일정을 늦출 수 있나요? 속도를 늦추고 내면에 깊이 연결될 수 있는 이 기회를 놓치지 마세요. 그 무엇도 지금은 중요하지 않다고 생각하면서 몸이 어떻게 반응하고 편안함과 행복감을 느끼는지 알아보세요. 또한 하루 중 잠시 시간을 내어 호흡에 집중해보세요. 몸에 필요한 공기를 들이마실 때와 필요하지 않은 공기를 내쉴 때 기분이 얼마나 좋은지 느껴보는 겁니다. 좋은 기분과 그로 인한 깊은 확신에 집중해보세요.

• 목표 달성 행동: 저항 발견하기

어떤 일에 불편하다고 느낀다면 무언가에 저항하고 있다는 뜻입니다. 지난 한 달 동안 목표를 되짚어보고 언제 어디서 스트레스를 받았는지 확인해보세요.

여러분의 목표와 행동이 진정으로 원하던 것과 일치하지 않았을 수 있습니다. 아니면 현실을 있는 그대로 받아들이지 않고 원하는 방향으로 강요했을 수도 있죠. 여러분은 이 중 무엇이 해당되는 것 같나요? 또 최소한의 노력으로도 쉽게 진행되는 일이 있나요? 마음이 강요하는 방식에 저항감을 느낀다는 것을 인정하면 목표를 내려놓고 재검토할 수 있습니다.

• 업무 향상 행동: 새로운 방향 모색하기

많은 노력이나 시간, 돈을 들이고 있지만 좋은 소득을 내지 못한 일을 떠올려보세요. 여러분은 올바른 방향으로 에너지를 쏟고 있나요? 아니면 상황에 저항하며 자신만의 방식을 고수하고 있나요? 원하는 긍정적인 결과를 얻기 위해서라면 현재 접근 방식을 내려놓고 다른 방법을 모색해봐도 좋습니다.

성찰적 단계

5일 차

검토하는 날

성찰적 단계는 일상생활과 목표를 검토해볼 최적의 기간입니다. 이 단계에서 검토는 분석이 아니라 내면에 깊이 연결되는 과정이에요. 다시 말해 감정과 직관에 중점을 둔 명상이나 성찰에 더 가깝습니다.

성찰적 단계는 행동하기 전에 상황을 검토하고 감정을 되돌아볼 기회를 줍니다. 성찰적 단계에서 되돌아보면 삶에 강력하고 긍정적인 변화를 불러일으킬 수 있어요. '해야 할 옳은 일'을 마음 깊이 알고 있음에도 내려놓을 때 역동적 단계에서 압박감을 더 쉽게 이겨낼 수 있습니다. 사회적 기대로부터 자기 자신을 보호할 수도 있죠.

또한 성찰적 단계에서는 진행 중인 일들을 검토하다 깊이 통찰하고 아이디어를 얻게 됩니다. 문제를 인정하는 것만으로도 새로운 인식의 문을 열게 되는 것입니다.

•자기계발 행동: 개인적인 문제 성찰하기

여러분을 불편하게 하는 문제를 하나 선택해 삶에 미치는 영향을 인정해보세요. 예를 들어 어떤 기억이나 감정적 반응, 관계, 기대, 실망, 태도, 판단, 비판, 꿈 등이 있겠죠. 또한 괜찮은 상황이라도 고칠 점이 있는지 고민해보세요. 이렇게 하루 동안 스스로 질문을 던지고 답해보면 됩니다. 내려놓아야 할 것 같은 일이라면 '그래도 괜찮은지' 알아보고, 다음 달의 가장 적절한 단계에서 긍정적인 행동을 하는 데 몰두하면 됩니다.

•목표 달성 행동: 목표 점검하기

지난달의 목표와 실행 계획을 살펴보거나 버킷 리스트를 작성해보세요. 목표는 단순히 지향점일 뿐이고 목표를 향해 나아가는 과정에서 하고 싶은 일이 새로 생기거나 나의 새로운 면을 발견하기도 합니다.

성찰적 단계는 앞으로 한 달 동안 목표를 향해 나아갈지 말지 확인할 수 있는 최적의 기간입니다. 그 목표를 위해 다음 달에 시간과 노력을 들여도 신날 것 같나요? 아니면 이제는 그럴 만한 가치가 없어 보이나요? 그 목표의 어떤 점 때문에 열정과 행복을 느끼나요? 목표가 너무 다양해서 에너지가 분산되지 않나요? 아무리 거창하고 버거워 보여도 가장 중요한 목표 하나를 선택하거나 다시 확인해보세요.

•업무 향상 행동: 큰 그림 파악하기

이 최적의 기간을 활용해 업무, 할 일 목록, 일정 등을 살펴보세요. 분석은 역동적 단계로 미루고 지금은 무엇이 옳고 좋게 느껴지는지 큰 그림을 보면 됩니다. 여러분의 직관은 '옳지 않다'고 느껴지는 부분을 지적해줄 것입니다. 그 당시에는 감정 뒤에 숨겨진 이유를 이성적으로 이해하지 못했을 수 있지만 잠재의식은 이성이 무엇을 놓쳤는지 인식하고 있을 거예요. 직관을 믿고 다음 며칠 동안 시간을 내어 그 이유를 생각해보세요. '왜 그런지' 답이 있겠지만, 그 답이 형태를 갖추는 데 시간이 조금 걸릴 수 있습니다.

성찰적 단계

6일 차

역동적 단계를 준비하는 날

역동적 단계는 창의적 단계와 성찰적 단계에서 얻은 영감, 아이디어, 깨달음을 역동적인 행동으로 옮길 수 있는 최적의 기간입니다. 일을 처리하고 계획을 세우기에 가장 좋은 시기이자 새로운 달을 시작하기에 이상적인 출발점이죠.

성찰적 단계의 에너지와 능력은 역동적 단계의 에너지와 능력으로 점차 전환됩니다. 이를 잘 활용하려면 회복된 에너지와 능력을 어디에 집중할지 결정해야 해요. 또한 역동적 단계는 기억력과 구조적 사고 능력이 향상되어 새로운 것을 배우고, 새로운 경험을 시도하고, 꿈을 계획하기에 좋은 최적의 기간입니다. 더욱 큰 사안에 관심을 보이고 이를 위해 단계를 세분화해 계획할 수 있게 되지요. 역동적 단계에서는 자신감이 높아지며 마음만 먹으면 무엇이든 해낼 수 있을 거란 믿음이 생겨납니다.

•자기계발 행동: 모험 선택하기

다음 주에 할 수 있는 대담하고 흥미로운 일이 있나요? 역동적 단계의 계획하고 조직하는 능력을 사용해 무엇을 실현할 수 있을까요? 틀에서 벗어나 생각해보세요. 항상 해보고 싶었지만 자신감이 부족해서 내려놓은 일을 떠올려보세요.

• 목표 달성 행동: 목표 설정

앞으로 한 달 동안 실천할 목표를 세우고 계획을 짜보세요. 역동적 단계에서는 디테일을 파악하고 구조와 일정을 세워서 목표 달성에 도움을 줄 수 있습니다. 성찰적 단계에서 얻은 통찰력을 활용해 최우선 순위에 집중하세요.

• 업무 향상 행동: 에너지 집중하기

역동적 단계에서는 정신이 더욱 명료해지고 멀티태스킹 능력이 향상되며 더 오래 집중할 수 있게 됩니다. 성찰적 단계에서 미뤄둔 작업을 처리할 수 있는 시기이므로 작업 목록을 정리하고 우선순위를 정해두면 좋습니다.

다만 행동하기 전에 틀을 짜거나 효율적인 시간 관리가 필요해 보이는 부분, 특정 정보가 더 필요한 부분이 있는지 생각해보세요. 역동적 단계의 분석 능력은 문제 해결과 디테일 처리에 이상적이지만 자칫하면 성취나 업무에 치중할 수 있어 주의해야 합니다. 즉 역동적 단계에 접어들면 업무를 많이 따라잡고 성과를 낼 수 있지만 일과 삶의 균형을 희생하지 않는 게 중요해요.

성찰적 단계 요약

다음 질문에 답하며 성찰적 단계의 경험을 평가해보자.

1. 성찰적 단계를 어떻게 경험했는가? 또 창의적 단계와 비교했을 때 어떤 기분이 들었는가?

신체적으로	
감정적으로	
정신적으로	

2. 어느 날짜의 내용이 개인적인 경험과 잘 맞았는가?

3. 이전 단계에 비해 이번 단계에서 향상되거나 수월해진 능력이 있는가?

4. 이번 달에 향상된 능력을 실제로 어떻게 적용했는가?

5. 다음 달에 최적의 기간 능력을 어떻게 활용할 계획인가?

6. 이 단계에서 나 자신에 대해 발견한 흥미로운 사실이 있는가?

맞춤형 계획 짜기

아래 표를 작성하고 다음 달에 향상된 능력을 최대한 활용할 수 있게 계획을 세워보자. (최적의 기간 능력에 따라 주기 날짜를 나열하면 28일 플랜을 나에게 맞춰 새로 짤 수 있다.)

성찰적 단계		
		을(를) 위한 최적의 기간
주기 일수	최적의 기간 행동	다음 달을 위해 계획한 일

10

28일 플랜 다음은?

10

28일 플랜은 자아를 탐색하고 발견하는 여정을 위한 지도입니다. 이 계획을 실천하면 평소 자신이 얼마나 적극적으로 행동하는지 다른 관점에서 보게 됩니다. 때로는 다른 관점이 있음을 아는 것만으로도 세상을 충분히 다른 눈으로 볼 수 있습니다. 진정한 자아에 어울리게 행동하기만 해도 인생이 달라지는 것이지요.

> "주기마다 새로운 것들을 발견하게 돼서 정말 좋아요!"
>
> — 소피아, 조산사 겸 워크숍 진행자(스페인)

28일 플랜은 생리 주기를 새로운 시작점으로 삼아 최적의 기간과 향상된 능력을 삶 곳곳에 긍정적으로 활용할 수 있게 돕습니다. 앞서 나온 내용이 우리만의 고유한 세계로 안내했다면 이제는 다음 단계로 나아가 새롭고 흥미로운 지형을 탐험하고 지도를 직접 그려야 합니다. 이를 위해 땅의 형태, 즉 우리에게만 주어지는 독특한 기회를 이해해야 해요.

직선적 인식에서 순환적 인식으로

지금쯤이면 여러분은 앞서 배운 내용을 참고해 앞으로 한 달의 생리 주기 날짜와 최적의 기간을 다이어리에 적어두고 그것을 살펴보고 있을 것입니다. 다만 다이어리에는 문제가 하나 있는데, 시간을 직선으로 나타내기 때문에 다이어리에 생리 주기를 기록하면 주기가 순환하는 것이 아니라 단순히 순서대로 반복된다고 느끼게 됩니다.

원형 다이어그램이나 '주기 다이얼'에 최적의 기간과 향상된 능력을 기록하면 생리 주기에 대한 인식을 강화할 수 있습니다. 특히 주기 다이얼을 사용하면 일반 다이어리에 비해 두 달 이상을 한눈에 비교할 수 있어요.

주기 다이얼 만들기

주기 다이얼은 생리 주기 단위로 된 원형 다이어리입니다. 동그란 생활계획표처럼 종이에 원을 그리고 주기 날짜만큼 원둘레에 눈금을 새긴 다음, 중심에서 선을 그어 날짜마다 칸을 나누면 됩니다. 생리 주기가 예상보다 길어질 경우를 대비해 빈칸을 더 만들어두면 좋습니다(232쪽 그림 참조).

그다음에 원을 세 개의 동심원으로 나누고, 바깥쪽 고리에는 주기

'일수'를 기록합니다. 가장 식별하기 쉬운 생리 첫날을 주기 '1일 차'로 정하세요. 앞서 살펴보았듯이 몸과 마음은 7일 차 즈음 역동적 단계가 시작될 때 실질적으로 변하기 시작합니다. 그러나 역동적 단계에 늘 같은 날 진입하지 않으므로 주기 다이얼을 생리 첫날인 1일 차에 시작해야 유용합니다. 다시 한번 말하지만 생리 첫날은 역동적 단계의 첫날이 아닙니다.

주기 다이얼의 가운데 고리에는 달력 날짜를 미리 적어두세요. 그리고 안쪽 고리는 몇 가지 주요 특징을 기록하는 데 사용하면 됩니다.

부록(259쪽)에 빈칸으로 된 주기 다이얼 형식을 첨부해 놓았으며 개인 용도로 복사 및 확대하여 사용해도 됩니다. 또한 '옵티마이즈 우먼' 웹사이트(www.optimizedwoman.com)에서 다운받을 수도 있습니다.

개요 다이얼 만들기

주기 다이얼 형태를 활용해 '개요 다이얼'과 '계획 다이얼'도 만들 수 있습니다. 먼저 개요 다이얼은 생리 주기의 지형도와 같습니다. 주기를 한눈에 볼 수 있도록 요약한 것으로 다음 달 계획을 세우는 데 사용할 수 있어요.

먼저 9장의 각 단계 요약 중 '맞춤형 계획 짜기'에서 해당 주기와 관련된 정보를 가져오세요. 그리고 달력 날짜를 비워둔 채 빈 다이얼에 이 정보를 적으면 됩니다. 특정 능력이 향상된 날에 색을 칠해서 최적의 기간을 강조할 수도 있습니다.

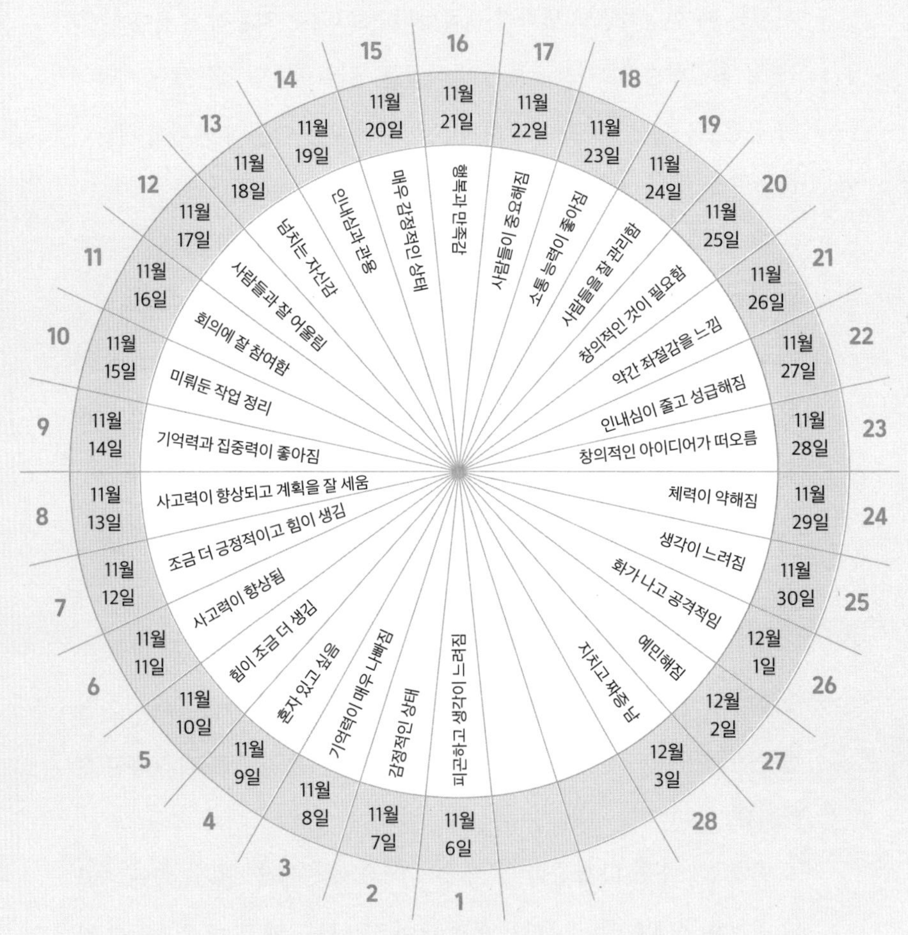

1
11월 6일
피곤하고 생각이 느려짐
2
11월 7일
감정적인 상태
3
11월 8일
기억력이 매우 나빠짐
4
11월 9일
혼자 있고 싶음
5
11월 10일
힘이 조금 더 생김
6
11월 11일
사고력이 향상됨
7
11월 12일
조금 더 긍정적이고 힘이 생김
8
11월 13일
사고력이 향상되고 계획을 잘 세움
9
11월 14일
기억력과 집중력이 좋아짐
10
11월 15일
미뤄둔 작업 정리
11
11월 16일
회의에 잘 참여함
12
11월 17일
사람들과 잘 어울림
13
11월 18일
넘치는 자신감
14
11월 19일
인내심과 관용
15
11월 20일
매우 감정적인 상태
16
11월 21일
행복과 만족감
17
11월 22일
사람들이 중요해짐
18
11월 23일
소통 능력이 좋아짐
19
11월 24일
사람들을 잘 관리함
20
11월 25일
창의적인 것이 필요함
21
11월 26일
약간 좌절감을 느낌
22
11월 27일
인내심이 줄고 성급해짐
23
11월 28일
창의적인 아이디어가 떠오름
24
11월 29일
체력이 약해짐
25
11월 30일
생각이 느려짐
26
12월 1일
화가 나고 공격적임
27
12월 2일
예민해짐
28
12월 3일
지치고 짜증 남

[주기 다이얼 예시]

개요 다이얼은 생리 주기가 바뀔 수도 있고 외부 영향에 따라 능력이 달라질 수도 있음을 이해한 상태에서 사용해야 합니다. 다시 말해 가끔은 다른 날에 최적의 기간 능력이 향상될 수 있으니 개요 다이얼로 다음 달 계획을 짤 때 꼭 참고하세요.

계획 다이얼 만들기

계획 다이얼은 최적의 기간과 향상된 능력을 기반으로 다가올 한 달을 원형으로 계획하는 방법입니다. 주기 날짜와 달력 날짜를 모두 적어서 다음 달에 쓸 다이얼을 만들어보세요. 그런 다음에 역동적 단계의 '해야 할 일'들과 개요 다이얼을 참조해 특정 날짜에 활동을 할당하면 됩니다.

> "저는 생리 주기에 따라 한 달을 계획합니다. 공개 행사는 배란기, 즉 가장 외향적인 시기에 일정을 잡죠. 글쓰기, 계획하기, 자료 수집은 생리 기간, 즉 가장 내향적인 시기에 하려고 합니다."
>
> —디애나, 강연자·교육자 겸 트레이너(미국)

여러 장을 넘겨야 하는 다이어리와 달리, 다이얼을 사용하면 한 달 계획을 한눈에 확인할 수 있습니다. 계획 다이얼은 원하는 만큼 만들 수 있어요. 즉 프로젝트, 업무, 자기계발, 목표 달성 등 다양한 용도로 계획 다이얼을 각각 작성할 수 있습니다.

예를 들면 계획 다이얼을 사용해 다음과 같이 업무 계획을 세울 수 있어요.

- 구체적인 일을 하는 날
- 휴식하는 날
- 밀린 업무를 따라잡는 날
- 창의력을 발휘하는 날
- 회의 및 프레젠테이션을 하는 날
- 자기계발의 날
- 인맥 쌓는 날
- 문제를 파악하고 이리저리 생각해보는 날
- 새로운 일을 벌이거나 기존의 일을 검토하는 날
- 마감일

생리 주기를 라이프 코칭 용도로 사용할 때도 계획 다이얼에 할 일들을 적어두고 일정을 세우면 됩니다. 다음 내용에 맞춰 다이얼을 사용해보세요.

- 최적의 기간에 맞춰 실행 계획 세우기
- 학습 및 인맥 쌓는 날 계획
- 역동적 단계 기간을 실천의 날로 계획
- 성찰적 단계 기간을 검토의 날로 계획

또한 계획 다이얼을 사용해 개인 생활과 자기계발에 도움을 얻을 수 있습니다. 다음을 참고해 최적의 기간에 따라 계획을 세워보세요.

- 활기차고 외향적이며 배려심이 많은 시기에 맞춰 모임 약속 잡기
- 에너지가 낮은 시기를 감안해 운동이나 식단 계획하기
- 휴식, 성장, 성찰을 위한 '나만의 시간' 갖기
- 개인 계좌 관리, 공과금 납부 등 '해야 할 일' 목록 정리하기
- 집 꾸미기, 강좌 수강, 창업 등 다양한 활동 시작하기
- 자신의 핵심 문제를 이해하고 두려움과 불안함을 해소하는 혼자만의 시간 갖기
- 창의성을 발휘하여 자신을 표현하는 기회나 방법 찾기
- 가까운 사람들이나 가족과 마음을 터놓고 대화하는 시간 갖기

계획 다이얼에 따라 네 단계에 각각 맞춰 활동을 계획하면 각 단계의 감정적·정신적·창의적 욕구를 충족할 수 있습니다. 4장부터 7장까지 다시 읽으며 계획 다이얼에 사용할 아이디어와 전략을 찾아보고 11장의 표를 참고해 능력과 적성을 확인해보세요.

자기 자신과 삶을 바라보는 관점을 바꾸고 주기에 맞춰 적극적으로 살아가다 보면 자신의 능력을 키우고 성공 가능성도 높일 수 있습니다. 또한 자기 자신을 받아들이고 사랑과 행복을 더욱 느끼게 됩니다.

최적의 기간에 한 가지 일만 계획하고 실행에 옮기면
그렇지 않을 때보다 높은 성과를 얻을 수 있다.

28일 플랜 다음으로 넘어가자

앞서 말했듯이 28일 플랜은 생리 주기의 새로운 시작점이며, 이를 통해 한 달 동안 얼마나 많은 변화를 겪는지 깊이 이해할 수 있습니다. 28일 플랜을 진행하다 보면 계획에 포함되지 않는 변화도 경험하게 됩니다. 예컨대 식욕, 성욕, 감수성, 인간관계, 영성, 꿈 등 다양한 측면에서 변화가 일어날 수 있죠.

부록(260~263쪽)에서는 한 달 동안 경험할 수 있는 변화들을 표로 요약해놓았습니다. 익숙한 것도 있고 낯선 것도 있지요. 목록의 내용을 모두 기록할 필요는 없지만 자기 자신을 다양한 방식으로 관찰한다면 변화를 더 잘 이해할 수 있을 것입니다.

일기를 쓰고 주기 다이얼에 키워드로 요약하는 여성도 있을 것입니다. 기록하는 게 내키지 않거나 너무 바빠 다른 일을 하기 힘들다면 관찰한 내용에 값을 매기는 방법도 사용할 수 있습니다. 예를 들어 체력이 낮은 날에는 '4/10'으로 간단히 적는 겁니다.

> "23일 차, 창의적 단계: 매우 피곤하고 잠이 더 필요하다. 집중력과 주의력이 좋지 않다. 2/10(뇌가 전혀 작동하지 않는다!)"
>
> — 데버라, 스타일리스트(프랑스)

최적의 기간과 향상된 능력을 많이 이해할수록 행복하게 살아갈 수 있습니다. 문제는 생리 주기에 따른 특성을 지지하지 않는 세상에서 생리 주기에 따라 살아야 한다는 것이죠. 하지만 약간의 계획만 세우면 도전보다 훨씬 큰 보상을 얻을 수 있습니다.

저 같은 경우에는 생리 주기를 이해하면서 제게 있는지도 몰랐던 능력들을 알게 되었습니다. 그리고 한 달 내내 일관되지 못해도 실패가 아님을 알게 되었죠. 한 달에 한 번씩 오는 일주일을 기회로 받아들였기 때문에 향상된 능력들을 제대로 사용할 수 있었습니다.

한 달에 한 번씩 찾아오는 능력을 꾸준히 사용하면
성공의 기회를 얻을 수 있다.

도전하는 자가 승리한다!

'28일 플랜 다음'의 마지막 단계는 생리 주기 정보를 일상에서 만나는 남성들과 어떻게 공유할지 스스로 질문을 던져보는 것입니다. 저는 전작인 『레드 문』에 대해 강연할 때 남성이 꽤 많이 참석해서 놀랍고도 기뻤습니다. 전문 치료사도 몇 명 있었지만 대부분의 남성은 함께 살아가는 여성을 이해하고 더 잘 지내는 방법을 배우고 싶어 했죠. 그런데 생리 주기에 따른 변화를 여성조차 이해하지 못한다면 남성은 이를 어떻게 알 수 있을까요?

모든 인간관계의 핵심은 소통입니다. 따라서 우리는 남성에게 최적의 기간에 대해 알려줄 필요가 있습니다. 물론 직장에서 남성 동료들과 생리 주기로 이야기를 나누는 게 어색하고 부적절하게 느껴질 수 있습니다. 사회적 금기로 취급되는 주제니까요. 생리 주기에 대한 농담, 경멸, 비하, 지나친 일반화, 부정적인 연상에 대처하려면 강해져야 합니다. '최적의 기간'이라는 용어를 사용하면 생리 주기 동안 변화하는 여성의 능력을 남성 그리고 고용주에게 잘 알려줄 수 있습니다.

『레드 문』을 출간한 후 받은 많은 댓글 중 하나는 '남편이 이 책을 읽었으면 좋겠다'는 것이었습니다. 생리 주기에 관심을 보이고 관련 책을 처음부터 끝까지 읽을 남성이 있다면 이 책을 건네주세요. 한 친구의 남편은 매일 아침 출근하는 길에 런던 지하철에서 바이커 가죽재킷을 입고 『레드 문』을 읽었습니다. 어떤 시선을 받았을지 상상이 가나요?

많은 남성이 생리 주기에 무엇을 예상하고 어떤 행동을 취해야 하는지 요약하길 원할 것 같아서 이어지는 11장에 정리해놓았습니다. 제 남편은 제가 어느 단계에 있는지 제 이마에 색깔로 표시해놨으면 했죠. 우리 부부는 색색의 냉장고 자석으로 타협했습니다. 물론 파트너의 기준에 딱 맞춰줄 수도 없고 생리 주기에 대한 확실한 규칙을 정할 수도 없습니다. 따라서 우리의 경험을 공유하고 남성에게 가이드라인을 제공하는 것이 더욱 중요합니다.

경험을 공유하는 과정은 양방향으로 이루어집니다. 즉 각 단계에서 파트너가 우리를 어떻게 바라보는지 귀 기울이고, 내가 원하는 것을 충족하면서도 파트너의 요구에 맞출 수 있는 방법을 찾아야 합니다. 생각해보면 우리의 파트너는 한 몸을 가진 네 명의 여성과 함께 살고 있는 것이니까요.

최적의 기간을 남성과의 관계에 반영하면 상생해갈 수 있습니다. 직장 동료에게 업무에 대한 최적의 기간을 알려주면 동료들은 그 기간에 맞춰 업무를 조정할 수 있을 겁니다. 회사 밖에서는 우리가 누구이며 무엇이 필요한지 더 잘 표현할 수 있고, 그 덕분에 남성은 실수나 거절에 대한 두려움 없이 우리를 도울 수 있다는 자신감이 생깁니다.

> "파트너가 최적의 기간에 관심이 많다는 사실에 놀랐어요. 최적의 기간을 알면 파트너는 저를 더 잘 이해할 테고 서로에게 좋을 거예요."
>
> — 웬디, 마케팅 디렉터(캐나다)

요 약

- 원형 다이어그램이나 주기 다이얼을 사용하면 여러 달을 쉽게 비교할 수 있다.
- 주기 다이얼은 우리가 순환하는 본성을 가지고 있음을 깨닫게 해준다.
- 하나의 다이얼에 최적의 기간 능력을 요약하여 한 달 계획을 세울 수 있다.
- 최적의 기간에 맞게 능력을 펼치면 다른 때보다 생산성, 통찰력, 탁월함이 높아진다.
- 자세한 기록을 꾸준히 남기면 생리 주기가 제공하는 모든 잠재력을 발견할 수 있다.
- 일주일 단위로 나타나는 능력은 '변덕스러운 것'이 아니라 새로운 분야를 탐험하고 개발하며 성공할 기회다.
- 최적의 기간을 이해한 남성은 여성의 능력에 대한 기대와 일반화를 피할 수 있다.
- 직장에서 생리 주기를 언급하는 것이 부적절하더라도 '최적의 기간'이라는 용어를 사용하면 남성 동료가 이해하는 데 도움이 된다.
- 파트너에게 우리가 어느 단계에 있는지 알려줄 필요가 있다.
- 파트너와 최적의 기간에 대한 경험을 공유하고 그와 관련된 파트너의 요구에 귀 기울여야 한다.

11

남자들이 알아야 할 것

11

먼저 이 장을 읽기 시작한 것을 축하합니다! 여러분은 지금 여성 파트너와 있거나 여성과 함께 일하고 있겠죠? 그래서 이 장을 읽어봤으면 하고 요청받았을 겁니다. 걱정하지 마세요. 빠르고 간단하게 설명하겠습니다.

여기서는 여성의 업무 방식에 대해 알아야 할 주요 사항을 간략하게 요약하고, 이를 실제 적용하는 방법들을 알려주겠습니다. 모든 여성을 대변할 수는 없지만 많은 여성이 다음과 같은 일들을 겪습니다.

여성이 남성처럼 생각하고 행동하지 않는 이유

나쁜 소식은 여성은 남성과 같지 않기 때문에 남성이 여성과 소통하려면 전략이 필요하다는 것입니다. 여성을 이해하는 열쇠는 여성의 능력과 사고 과정이 매주 일관되지 않다는 사실을 깨닫는 것이죠. 아마도 대단한 깨달음은 아닐 테지만 여성이 일주일이 아닌 월 단위로 일관적이라는 사실을 깨달으면 여성을 훨씬 더 이해할 수 있을 것입니다.

'한 몸에 네 명인' 여성

남성이 한 달 동안 한 주에 한 명씩, 총 네 명의 여성을 만난다고 상상해보세요. 각 여성은 저마다 다른 능력을 가지고 있으며, 세상을 바라보는 방식도 다릅니다. 당연히 남성은 각 여성에게 다른 기대를 갖고 조금씩 다르게 대할 겁니다.

그럼 이제 이 네 명의 여성이 한 몸을 공유한다고 생각해보세요. 생리 주기를 어느 정도 이해하는 남성이라면, 한 여성 안에 네 명의 서로 다른 모습이 존재한다는 것을 알 수 있을 것입니다.

여성은 매달 생리 주기에 따라 네 단계를 거치며, 각 단계는 여성에게 각기 다른 능력을 제공합니다. 여성이 신뢰하지 못할 변덕스러운 사람이라는 뜻이 아닙니다. 오히려 매달 다양한 능력과 접근 방식이 반복해서 강화된다는 것을 의미하죠. 여성은 강력한 능력을 지니고 있지만 변덕스럽다고 간주되어 그 능력을 쓰지 못할 때가 많습니다.

'한 몸에 네 명인' 여성과 함께 생활하고 일하려면 각각의 여성을 다른 관점으로 기대해야 합니다. 좋은 소식은 여성의 향상된 능력과 사고방식에 맞춰 소통하면 잘 받아들여지고 놀라운 수준의 행동력, 문제 해결력, 창의력, 이해력 등을 얻을 수 있다는 것입니다.

여성의 최적의 기간에 맞춰 소통한다면
긍정적인 반응을 얻을 가능성이 높다.

그렇다면 최적의 기간은 무엇일까?

최적의 기간은 한 달 중 여성이 능력을 고도로 발휘하는 기간을 말합니다. 체력, 협응력 같은 신체적 능력부터 공감, 인맥 쌓기, 팀 지원과 같은 감정적 능력, 그리고 멀티태스킹, 분석, 구조화, 창의력 발휘 등의 정신적 능력까지 다양하죠.

여성마다 다를 수 있지만 생리 주기는 대략 일주일 정도 지속되는 네 개의 최적의 기간으로 나눌 수 있습니다. 저는 이러한 최적의 기간을 역동적 단계, 표현적 단계, 창의적 단계, 성찰적 단계라고 부르며 각각 배란 전, 배란기, 생리 전, 생리기에 해당합니다.

여성에 대해 알아야 할 점

여성의 최적의 기간에 맞춰 소통하려면 많은 여성이 그 시기에 무엇을 경험하는지 명확히 이해해야 합니다. 그리고 여성의 향상된 능력을 최대한 활용하려면 그 시기에 어떤 행동과 작업에 능숙해지는지 알아야 하죠.

[여성의 최적의 기간별 특징 및 능력]

주기 단계	최적의 기간별 특징 및 능력
역동적 단계 배란 전	*생리 후 여성의 체력과 집중력이 최고조에 달하는 시기* **발휘되는 능력** 탁월한 체력, 집중력, 기억력, 논리적 사고, 구조화 능력, 디테일에 대한 주의력, 계획력, 독립적 행동, 의욕, 성취 지향
표현적 단계 배란기	*호르몬 정점으로 의사소통 능력과 사회성이 극대화되는 시기* **발휘되는 능력** 효과적인 의사소통, 공감 능력, 배려심, 이타적 접근, 팀 활동, 인맥 쌓기, 영업, 교육, 유연성, 생산성
창의적 단계 생리 전	*잠재의식의 영향으로 창의력과 직관력이 강해지는 시기* **발휘되는 능력** 창의성, 직관, 비판적 분석, 문제 해결, 변화와 문제에 집중, 독립적 행동, 통제력, 열정적인 의욕, 예민해지는 감정, 성취감과 좌절감의 공존, 체력과 정신력의 점진적 감소
성찰적 단계 생리기	*체력이 떨어지고 내면적 성찰이 필요한 시기* **발휘되는 능력** 성찰, 직관적 이해, 거시적인 관점, 공정한 검토, 결과에 초연함, 핵심 가치 중시, 마음 내려 놓기, 용서, 감정 지향, 낮은 체력과 정신력

간단하게 최적의 기간을 특정 능력과 적성이 향상되는 기간으로 파악하면 됩니다. 즉 여성들은 한 달 동안 이 모든 능력을 가질 수 있습니다.

[여성의 최적의 기간별 활동]

주기 단계	최적의 기간별 활동
역동적 단계 배란 전	**적합한 활동** • 논리적 작업 및 문제 해결 • 학습 • 계획 짜기 • 상세 보고서 작성 • 복잡한 정보 이해 및 구조화 • 프로젝트 시작 **부적합한 활동** • 무심한 듯한 태도 • 공동 프로젝트 • 공감을 바탕으로 하는 접근 방식
표현적 단계 배란기	**적합한 활동** • 배려 • 사람이나 프로젝트 지원 • 감정 및 인간관계에 대한 논의 • 공동 프로젝트 • 리더십 발휘 • 감정 중심의 접근 방식 만들기 • 인맥 형성 **부적합한 활동** • 분석 및 디테일한 기술 • 정서적 분리 • 독립적 행동 • 물질적 성과를 통한 동기 부여

주기 단계	최적의 기간별 활동
창의적 단계 생리 전	**적합한 활동** • 비판적 분석 • 문제 파악 • 독립적 행동 • 창의력 활용 및 해결책 제시 • 정리, 분류, 재구성 • 결과에 집중하기 • 주도적 추진 • 상황이나 프로젝트 통제 **부적합한 활동** • 마음을 터놓는 토론 • 협상 • 쉬어가기 • 세밀하고 정확한 작업 • 논리적 추론
성찰적 단계 생리기	**적합한 활동** • 프로젝트 및 관계 검토 • 핵심 원칙에 집중 • 피드백 평가 • 의사 결정 및 변경 사항 이행 • 개인적인 목표와 방향성 평가 • 직관적인 통찰 **부적합한 활동** • 체력을 쓰는 활동 • 기억력이나 집중력이 필요한 활동 • 추가 근무 • 물질적 동기 부여

여성에게서 최선을 끌어내려면 최적의 기간에 맞게 업무를 할당하고 소통 방식을 변경하면 됩니다. 만약 여성이 디테일과 논리적 사고에 탁월한 최적의 기간에 있는데 감정적인 접근으로 무언가를 요청한다면 거절당하거나 우선순위가 매우 낮아질 수 있습니다. 그러나 소통 방식을 바꿔 이유를 체계적으로 설명한다면 우선순위가 높아질 뿐만 아니라 기대 이상의 결과나 일정을 얻을 수 있습니다.

[최적의 기간에 적합한 소통법]

주기 단계	최적의 기간 소통법
역동적 단계 배란 전	• 새로운 프로젝트를 제안하라. • 요청 사항에 논리적인 이유를 대고 여성의 목표와 일치하는 것처럼 보이게 하라. • 여성의 '목표'를 지지하되 여성이 주도적으로 일할 수 있는 독립된 공간을 허용하라. • 여성의 의욕을 인정하고 계획 수립 시 여성의 디테일에 대한 주의력을 활용하라. • 업무 외 소통은 다음 주로 미루어라.
표현적 단계 배란기	• 인맥 쌓기나 사교 활동을 제안하라. • 특히 살펴야 할 프로젝트나 팀 프로젝트를 제안하라. • 긍정적인 확신을 주어라. • 이타적인 이유를 들면서 원하는 것을 직접 요청하라. • 감정을 공유하고, 감정적인 단어를 사용해 소통하라.

주기 단계	최적의 기간 소통법
창의적 단계 생리 전	• 유연하게 대처하고 업무의 우선순위를 정하라. • 획기적인 아이디어를 낼 수 있는 주제를 제공하라. • 열정과 창의성으로 동기를 부여하고 부담을 주는 표현을 삼가라. • 여성의 필요에 따라 지원하거나 독립적으로 일할 수 있게 하라. • 여성의 비판적인 판단력이 자신을 향하지 않게 하라.
성찰적 단계 생리기	• 활력이 떨어지는 주간임을 인정하고 다음 주에 맞춰 업무 일정을 조정하라. • 전념할 수 있는 아이디어나 변경 사항을 소개하라. • 현재 무엇이 가장 중요한지 물어보라. • 획기적인 통찰력이 나타나는 데 며칠 걸릴 수 있음을 받아들여라. • 힘이 빠져 보일 수 있음을 이해하고 개인 공간을 허용하되 즉각적인 결과에 대한 압박을 줄여라.

남성이 여성의 최적의 기간을 어떻게 알 수 있을까?

많은 여성이 최적의 기간을 인식하지 못하기 때문에 대답하기 어려운 질문입니다. 여성들은 종종 자신에게 주어진 기대에 맞추기 위해 생리 주기로 인한 영향력을 무시하거나 억누릅니다. 따라서 소통과 관찰이 중요합니다.

간단한 방법은 앞서 소개한 목록에 따라 다양한 소통법을 시도해보는 것입니다. 네 가지 방식으로 네 번 물어봐야 할 수도 있지만 긍정적인 반응을 보이는 방법으로 최적의 기간을 알아낼 수 있을 것입니다. 예를 들어 여성에게 보고서 작성을 요청하고자 한다면 어느 아이디어에 자신감과 열정을 보이는지 살펴보는 겁니다. 즉 역동적 단계에서는 상세히 관찰하고 정보를 수집해 구조화할 테고, 표현적 단계에서는 사람 중심으로 접근하겠죠. 또 창의적 단계에서는 문제점을 파악해 창의적 해결책을 낼 것이고, 성찰적 단계에서는 회사의 이념을 중심으로 간단한 보고서를 작성할 것입니다.

최적의 기간을 파악하는 또 다른 방법은 여성이 어떤 방식으로 말하고 어느 일에 흥미를 보이는지 확인하는 것입니다. 만약 여성이 여러분이 해야 할 일들을 길게 세분화했다면 역동적 단계에 있을 가능성이 높습니다. 반면 여성이 (여러분을 포함해) 잘못된 점을 길고 자세하게 정리했다면 창의적 단계에 있을 가능성이 높죠.

한편 여성의 체력 수준으로 최적의 기간을 알 수도 있지만 안타깝게도 많은 여성이 창의적 단계나 성찰적 단계에서 속도를 늦추라는 몸의 요구를 무시하고 카페인을 과하게 섭취하곤 합니다.

주의해야 할 점

이 장의 정보로 여성을 단정 짓거나 비하하거나 무시한다면 여성에게 긍정적인 반응이나 존중을 얻을 수 없습니다. 여성들은 남성이 생리 주기로 농담을 하거나 여성의 행동에 대한 결정적인 이유나 변명으로 사용하는 것을 싫어합니다.

이 책에서 소개한 여성의 능력과 에너지는 단지 가이드일 뿐입니다. 외부 요인에 따라 최적의 기간이 각자 다를 수 있지만 모든 여성은 고유한 생리 주기를 경험합니다. 따라서 여성은 최적의 기간에 맞춰 관계를 형성하는 방식과 기대를 조정할 수 있게 남성에게 필요한 정보를 제공하는 등 양방향으로 소통하는 것이 중요합니다.

정리하자면 최적의 기간은 여성의 일상생활, 직장, 인간관계, 가족에 중요한 역할을 합니다. 최적의 기간에 맞춘 환경을 제공받으면 여성은 스트레스가 크게 줄어들고 성취감, 자신감, 행복감이 더 커집니다. 또한 더 많은 성과를 내고 목표를 실현할 수 있는 능력이 향상되지요.

직장에서 여성은 생산성과 효율성을 높이고, 행복하고 의욕적인 팀을 만들고, 획기적인 해결책과 아이디어를 낼 수 있으며 기업의 시장 경쟁력을 높일 잠재력을 가지고 있습니다. 최적의 기간에 대한 지식을 직장이나 개인적인 관계에 적용하려면 유연성을 발휘하고 '한 몸에 네 명인' 여성이라는 개념을 염두에 두어야 해요.

여성의 다양한 최적의 기간을 이해하기 위해 노력한다면 관계에 있어 큰 보상을 얻을 수 있습니다. 또한 이번 달에 잘하지 못하더라도 다음 달에 두 번째 기회를 가질 수 있죠!

"남성 전문 비즈니스 및 라이프 코치로서 매달 여성의 '단계'를 최대한 활용하는 방법에 크게 공감합니다. 최적의 기간에 맞서 싸우기보다 이를 이해하고 도움을 얻으려는 여성 직장인들과 함께 일할 수 있어 행운으로 생각합니다."

— 이안 딕슨, 비즈니스 및 라이프 코치(영국)

마치며

파도를 제대로 타자!

최적의 기간에 적절한 작업을 수행하면 한 달 내내 능력을 고도로 발휘하고 높은 성과를 얻을 수 있습니다. '탁월함의 파도'를 타게 되는 것이지요.

예를 들어 이 책을 집필하는 동안 저는 제 실력을 최대한 발휘했어요. 역동적 단계에서 각 장을 편집 및 계획하고, 표현적 단계에서 아이디어를 공유하고, 창의적 단계에서 글을 쓰고, 성찰적 단계에서 원고가 원래 목표에 부합하는지 확인했습니다. 파도를 제대로 탄 셈입니다.

혼자만 파도를 제대로 타지 말고 최적의 기간을 직장에 도입하여 여성 동료들과 함께 '파도타기'를 해보세요. 이를 통해 여성 직장인들은 서로 각 최적의 기간에 맞춰 업무를 할당할 수 있습니다.

> "저는 여동생과 함께 사업을 운영하고 있는데 최적의 기간을 알게 된 후로 이를 회사 운영에 반영했습니다. 다가오는 프로젝트와 끝내야 할 일상적인 업무를 논의할 때 우리는 각자의 생리 주기를 확인하고 그에 따라 업무를 할당합니다. 이로써 효율성을 높일 뿐 아니라 '그 업무는 지금 내 생리 주기랑 맞지 않으니까 대신 맡아줄

래?'라고 말할 수 있을 때 업무가 훨씬 더 즐거워집니다. 정말 멋지지 않나요?"

— 에이미 세지윅, 레드 텐트 시스터즈 소속 직업 치료사(캐나다)

'파도타기'는 개인의 향상된 능력이 다시 나타날 때까지 한 달을 기다리는 대신, 프로젝트에 속한 여성들의 향상된 능력을 합쳐 프로젝트를 잘 진행할 수 있음을 뜻합니다. 또한 이렇게 하면 여성 입장에서 업무를 탁월하게 해내고 생리 주기를 제대로 활용할 수 있습니다. 그 덕분에 직장에서 스트레스를 덜 받고 업무에 더 큰 성취감을 느끼게 되죠.

이러한 접근 방식은 기업과 조직에게도 좋은 소식입니다. 여성 직원들의 향상된 능력으로부터 직접적인 이익을 얻을 수 있으니까요. 또한 더 행복하고 스트레스가 적은 직원은 훨씬 더 생산적인 업무 환경을 조성합니다.

최적의 기간이라는 개념과 여기서 말하는 '파도타기'는 여성의 교육, 치료, 적성, 진단 평가, 라이프 코칭 및 비즈니스 코칭, 업무 성과와 방법을 포함한 사회 여러 측면에 영향을 미치고 변화를 불러올 것입니다.

"저를 관통하는 강력한 파도를 타고 있다는 느낌이 듭니다. 미래 계획을 세우고 삶의 조화를 꾀하면서도 그와 동시에 몇 가지는 그대로 받아들이곤 합니다."

— 소피아, 조산사 겸 워크숍 진행자(스페인)

생리 주기에 맞춰 일상생활을 최적화한다는 건 스스로를 새로운 관점으로 보고 소통 방식과 성과 또는 행복을 얻는 방식도 새롭게 시작한다는 의미입니다. 이로써 여성만의 접근 방식에 긍정적으로 힘을 실어줄 수 있으며, 개인적인 일이든 상업적인 일이든 진정한 가치를 보여줄 수 있습니다.

이렇게 살아가려면 용기가 필요합니다. 가정, 직장 생활, 자신을 바라보는 방식 모두 기존의 틀에서 벗어나야 하기 때문이죠. 하지만 직선적인 틀에 스스로를 가둔다면 잠재력을 제대로 발휘할 수 없습니다. '표준'을 기꺼이 벗어나 직선에서 순환으로 변화할 의지가 있다면 삶의 모든 측면에서 이익을 보기 시작할 것입니다.

물론 신체 증상, 감정, 정신 상태를 감당하기 어려울 때가 있을 테고, 생리 주기를 긍정적으로 생각한다는 게 환상처럼 느껴질 때도 있을 겁니다. 하지만 모든 여성은 각 단계마다 생리 주기 이면에 있는 근본 문제를 발견해 바꿀 수 있을 겁니다. 생리 주기는 우리의 일부이자 우리가 돌아가야 할 곳임을 명심하세요.

생리 주기에 따라 살아가보세요. 모든 주기는 성장과 발전, 치유와 자기 발견, 재능 발휘와 목표 실현의 기회를 제공합니다. 주기에 맞춰 지내다 보면 삶을 펼쳐갈 새로운 능력과 선택권을 얻게 됩니다.

저는 얼마 전 라디오에서 한 남성의 멋진 말을 들었습니다. '내 어머니는 항상 변화하지만 항상 같은 모습인 바다와 같은 여성이었다'는 말이었죠.

지금은 아주 소수의 여성만이 알고 있는 이 사실을 앞으로 더 많은 여성이 깨닫고 활용할 수 있기를 바랍니다.

부록

나만의 주기 다이얼 만들기

이 책에서 소개한 28일 플랜보다 한 달 동안 훨씬 다양한 변화가 일어날 수 있습니다. 260쪽부터 나열한 표는 생리 주기 동안 여성이 경험하는 변화를 요약한 것입니다. 잘 살펴보고 자신의 주기에 해당하는 쪽에 체크 표시를 해보세요.

한 달 동안 겪는 변화를 모두 기록하려면 시간이 많이 걸리므로 긍정적인 경험이든 부정적인 경험이든 삶에 큰 영향을 미치는 것부터 선택해 적어보세요. 이를 토대로 주기 다이얼을 만들면 됩니다(230쪽 참고).

한 주기가 끝날 무렵에는 다이얼을 검토하고 그 주기의 경험을 긍정적이고 실용적인 방식으로 적용할 수 있을지 생각해보세요. 또 다음 달에 자기 자신을 어떻게 하면 적극적으로 도울 수 있을지도 확인해보면 좋습니다.

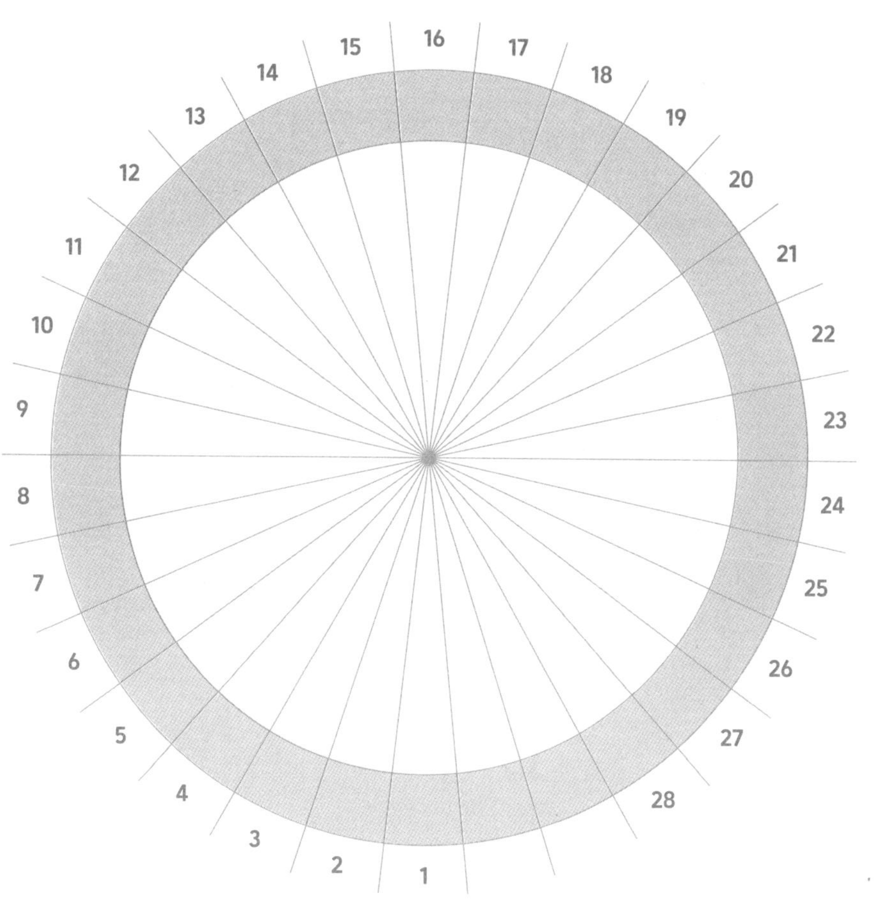
1
2
3
4
5
6
7
8
9
10
11
12
13
14
15
16
17
18
19
20
21
22
23
24
25
26
27
28

생리 주기 동안 여성이 경험하는 변화

[신체적 경험]

체력	에너지 수준	식단 변화
갈망과 중독	수면에 대한 필요성	신체 활동에 대한 필요성
창의적 활동에 대한 필요성	움직이고 걷는 방식	느리게 행동하고 휴식을 취하는 능력
협응력 및 공간 인식 능력	개인 공간에 대한 감각	체중, 부종, 유방 모양 등 신체 상태
나의 외모에 대한 사람들의 반응	신체 접촉과 확신에 대한 욕구	감각적 경험에 대한 필요성
성적 충동	에로틱한 성욕	자기 쾌락
시각, 청각, 후각 등 신체 감각	덥거나 추운 느낌	통증의 한계점

[감정적 경험]

열정	자신감	안정감
성장했다는 느낌	성공감	만족감
권능감	완전함과 행복감	행복에 필요하다고 느끼는 것들
평화로움	불안	두려움
슬픔	예민해짐/냉정해짐	희생하며 살아가는 듯한 기분
편집증	분노와 공격성	낙관주의/비관주의
감정 기복	의견을 인정받고 싶은 욕구	타인의 좋은 의견으로 자존감을 느끼려는 태도
타인을 도와 자존감을 높이려는 욕구	독립성/상호의존성	동정심
공감	타인과의 유대감	소속감
베풀고 싶은 마음	도움받고 싶은 마음	용서하려는 마음
정서적 안정과 헌신	사랑스럽고 이타적이며 열린 마음	비판에 대한 반응
해야 할 일에 대한 반응	변화에 대한 감정적 반응	감정적 지지와 확신에 대한 욕구
부담을 내려놓고 나아가고 싶은 욕구	이끌리는 이성 유형	사랑이 담긴 섹스/열정 없는 섹스

[정신적 경험]

집중력	몰입	명료한 정신
좋은 기억력	지루해함	디테일에 주의
전술적 사고	긍정적 사고/ 부정적 사고	무질서한 사고/ 논리적 사고
주관적 판단	비판적인 태도	목표
야망	영감	공상
시각화 능력	계획력	창의적 프로젝트에 대한 욕구
구조화에 대한 필요성	새로운 경험과 변화에 대한 필요성	새로운 일을 배우는 수준
문제 해결 능력	여러 일에 대처하는 능력	'올바른' 결정을 하는 능력
복잡한 정보를 이해하는 능력	아이디어를 명확하게 표현하는 능력	자아 중심적/ 사람 중심적
사람들에 대한 사교적·비사교적 반응	관심과 인정에 대한 욕구	통제하려는 욕구
과한 생각과 걱정	스트레스에 대한 반응	자기 믿음, 확신
이해에 대한 필요성	관용	인내심
융통성	마음 내려놓기	명상하기

[영성과 직관]

영성	직관	자발성
내면의 자신감	내면의 깨달음	내면의 평화
종교적 경험	삶에 대한 영적인 목적	다양한 꿈에 대한 해석
영적 능력	번뜩 깨닫는 순간	

28일 플랜

생리 주기를 통해 원하는 삶 성취하기

초판 1쇄 발행 2025년 4월 23일

지은이 미란다 그레이
옮긴이 강현주
펴낸이 최하늘
기획 강정언
편집 고은희 강정언
디자인 스튜디오 달쓰 김진희

펴낸곳 몸글
출판등록 2023년 2월 16일 제 2023-000033 호
주소 서울특별시 송파구 백제고분로7길 3-10 잠실동 렉스빌2차 3층 318A호
전자우편 momgeulbooks@gmail.com
전화 070-8970-6736 **팩스** 070-7610-2736
트위터 @momgeulbooks
인스타그램 @momgeulbooks

ISBN 979-11-991822-0-2 (13500)

책값은 뒤표지에 있습니다.
파본은 구입하신 서점에서 교환해 드립니다.